中国政府网站公众持续使用意向研究

汤志伟　韩　啸　龚泽鹏/著

U0302878

科学出版社

北　京

内 容 简 介

与以往研究基于国外理论模型来探讨电子政务的采纳问题不同,本书注重从我国现实情境出发,运用访谈和调查数据来进行问题分析,旨在构建出我国情境下的政府网站公众持续使用意向理论模型。首先,梳理电子政务采纳研究的相关理论模型;其次,运用 CiteSpace 软件对国内外已有研究成果进行文献综述;再次,通过深度访谈来获取研究数据,运用扎根理论探析影响政府网站公众持续使用意向的因素,建立分析框架,并进一步展开定量研究,建构本书的理论模型;最后,为提升政府网站公众持续使用意向提出对策建议。

本书可作为公共管理、信息管理、传播学等领域的教研人员和研究生的参考读物,也可以为政府部门信息化工作者思考政府网站建设与发展问题提供参考。

图书在版编目(CIP)数据

中国政府网站公众持续使用意向研究/汤志伟,韩啸,龚泽鹏著. —北京:科学出版社,2017.10

ISBN 978-7-03-053783-6

Ⅰ.①中… Ⅱ.①汤… ②韩… ③龚… Ⅲ.①国家行政机关-互联网络-网站-研究-中国 Ⅳ.①TP393.409.2

中国版本图书馆 CIP 数据核字(2017)第 139622 号

责任编辑:马 跃 方小丽 / 责任校对:樊雅琼
责任印制:张 伟 / 封面设计:无极书装

科 学 出 版 社 出版
北京东黄城根北街 16 号
邮政编码:100717
http://www.sciencep.com

北京厚诚则铭印刷科技有限公司 印刷
科学出版社发行 各地新华书店经销

*

2017 年 10 月第 一 版 开本:720×1000 1/16
2023 年 8 月第三次印刷 印张:10 3/4
字数:213 000

定价:86.00 元
(如有印装质量问题,我社负责调换)

前　言

　　随着信息与通信技术（information communication technology，ICT）的迅猛发展，政府部门越发重视信息与通信技术的应用。电子政务作为政府信息与通信技术应用的代表，是智慧城市战略实施的重要一环，其发展状况更是一个国家综合国力的重要体现。从联合国电子政务调查报告可以看出，政府网站可以说是电子政务发展的晴雨表，因此，建设政府网站并发挥其关键作用对国家发展电子政务、建设智慧城市、提高综合国力具有重要意义。为此，我国对全国政府网站进行了普查和抽查，调查结果显示我国政府网站建设已逐步得到改善，但其持续健康发展仍需进一步努力，促进公众持续使用仍是未来政府网站建设的重点。鉴于此，本书采用混合方法研究范式，从公众的视角出发，对政府网站的持续使用问题进行定性和定量探析，在定性研究上选择源于后实证主义和符号互动论的扎根理论，在定量研究上选择问卷调查法、统计分析法，这样不仅避免了定性研究无法验证的局限，而且弥补了定量研究的视野碎片化，从而构建出我国情境下的政府网站公众持续使用意向理论模型。

　　本书的研究特色主要体现在：①在理论研究方面，深化和丰富了电子政务视域下公众持续使用意向研究的理论体系。以往研究成果主要是基于国外成熟的理论或模型进行问题探讨。本书通过深度访谈获取研究数据，这些数据具有真实性，能很好地反映我国公众对政府网站产生持续使用意向的原因。然后采用扎根理论进行编码分析，全面地探析政府网站公众持续使用意向的影响因素，构建理论分析框架。在此基础上，运用结构方程模型对理论框架进行验证与优化，提出政府网站公众持续使用意向理论模型。②政府网站公众持续使用的研究不仅是政府提升网上服务能力的重要理论问题，而且是时代背景下政府网站建设和发展的内在要求。本书从现实角度出发，建立政府网站公众持续使用意向理论模型，为制定政府网站成功发展的对策提供理论基础。政府可以从模型中的各个因素出发，分析政府网站建设的实际状况，从而获取优化政府网站建设的具体思路。

　　本书由电子科技大学汤志伟教授负责拟定大纲、统稿和校稿工作。电子科技大学硕士研究生谭婧负责撰写第 1 章；电子科技大学硕士研究生涂文琴和电子科技大学副教授姚连兵共同撰写第 2 章、第 3 章；上海交通大学博士研究生韩啸和四川大学博士研究生龚泽鹏共同撰写第 4 章、第 5 章、第 7 章；电子科技大学硕士研究生凡志强负责撰写第 6 章。由于编写团队所掌握的资源和研究水平有限，书中难免存在不足之处，希望读者不吝指正。本书在撰写过程中参考了大量的国内外研究文献，引用了较多数据，在此向全部参考文献的作者表示诚挚的感谢。最后，感谢科学出版社李嘉编辑在本书编写过程中给予的细致、耐心的帮助。

作　者

2017 年 6 月

目　　录

第1章 绪 论

1.1 研究背景

在科学技术飞速发展的今天，信息与通信技术的应用越来越广泛，给人们的工作和生活带来了翻天覆地的变化。截至 2016 年 6 月，中国网民的规模已达 7.10 亿人，约占全国总人口数的 1/2，互联网普及率为 51.7%，其中，中国在线政务服务用户规模已达 1.76 亿人，约占网民数量的 24.8%（中国互联网络信息中心，2016）。"十三五"规划纲要提出，牢牢把握信息技术变革趋势，实施网络强国战略，加快建设数字中国，推动信息技术与经济社会发展深度融合，加快推动信息经济发展壮大（国务院，2016a）。实施网络强国、建设数字中国必不可少的一环就是发展电子政务。电子政务作为可持续发展的重要指标，不仅能推进教育、卫生、就业、财政和社会福利等方面的公共服务发展，还将对促进经济社会包容发展起到关键作用（联合国经济和社会事务部，2016）。国家行政学院电子政务研究中心（2016）发布的《2016 中国城市电子政务发展水平调查报告——互联网+公共服务》显示，通过政府网上办事大厅获取信息、办理事务是中国公民参与在线服务的最主要方式。政府网站作为电子政务的重要组成部分，是政府部门利用各类信息技术为公众提供信息发布、在线服务、在线反馈和互动交流等电子服务的主要平台（West，2011）。它不仅能拓宽公众参与的途径，降低参与的成本，提高参与率，还能为公众提供便捷的信息获取渠道，促进公众对政府政策的认识和理解，提升公众参与的质量。

政府网站建设是一种世界性的潮流，也是衡量国家信息化水平的显著标志之一，西方各国如美国、加拿大、英国等都致力于构建完备的政府网站来提供在线服务、提高整体竞争力，实现政府的发展目标。中国政府也投入了大量人力、物力建设政府网站，并取得了卓越的成效。自 1999 年"政府上网元年"起，中国政府网站数量逐年增长，截至 2016 年 7 月，全国政府网站总数已超过 8.5 万个。越来越多的公民开始认可、接受政府网站，并通过政府网站查询政务信息、获取在线服务、办理在线事务、与政府进行意见反馈和沟通交流等。为了推进全国政府网站建设，发挥其政务公开和服务公众的主平台作用，2016 年国务院办公厅对全国政府网站进行了抽查。抽查情况的通报显示，全国政府网站总体抽查合格率为85%（国务院，2016b），这说明中国政府网站还存在着一定的问题，不能完全满足公众的需要，许多公民在初次使用政府网站后不再继续使用。由于公众的持续使用是政府网站长远发展的关键，因此，深入探讨政府网站公众持续使用的问题对提升公众的满意度和使用率有相当重要的理论与现实意义。

1.1.1　电子政务

1. 电子政务的内涵与意义

电子政务是指政府机构运用现代网络通信技术与计算机技术，将政府的管理和服务职能精简、优化、整合与重组后在互联网上实现，以打破时间、空间及条块分割的制约，从而加强对政府业务运作的有效监管，提高政府的科学决策能力，并为社会公众提供高效、优质与廉洁的一体化管理和服务（孟庆国和樊博，2006）。

20 世纪 70 年代，信息技术除了带动经济、社会的发展，也引领着政府部门的技术变革。部分发达国家的政府部门开始将计算机普遍运用于事务处理性业务中。到 70 年代中后期，计算机开始应用于综合性管理业务中，部分发展中国家的政府部门也开始运用计算机处理事务。80 年代中后期，管理信息系统成为绝大多数国家政府部门的主流应用。90 年代，随着互联网的发展，各国政府开始运用互联网技术进行电子政务建设。美国政府于 1993 年启动了"国家绩效评估"计划，利用先进的信息网络技术来改革美国政府在管理上的弊端，并推动政府现代化，旨在创造一个"效率更高、花费更少"的政府。在这一计划的建设过程中，美国政府逐步提出了电子政务概念，引领了世界各国的电子政务建设道路。

电子政务在不断发展的过程中，逐渐成为信息社会政府治理的新模式，成为世界公认的提升政府管理效率的路径，它的推行对转变政府职能、提升政府决策品质、增强政府反应能力、提高政府管理透明度等具有积极的意义：①转变政府职能。政府职能是指政府在管理国家政治、经济、社会事务时应承担的职责和所具有的功能。转变政府职能是政府适应环境变化的基本要求。面对以信息技术为载体、以市场化为动力的全球化浪潮的冲击，以及以知识创新为内核、以产业信息化为重要特征的知识经济的挑战，电子政务的建设与推进为政府职能由管理型向服务型转变提供了必要的条件。②提升政府决策品质。在经过调查研究、科学预测、智囊协助、决断理论和试验等多个步骤后，工业经济时代的政府决策方法实现了程序化和民主化。与工业经济时代的政府决策相比，当今时代的电子政务决策使知识和信息的作用更加凸显，促进政府决策更加科学化。③增强政府反应能力。政府可以通过网络建立与政府组织、企业、社会和公民之间便利、快捷的沟通和反馈机制，打破时间和空间的限制，从而倾听公众呼声、回应公众需求，并向其传达政府的政策和方针，促进民主政治的发展。④提高政府管理透明度。信息公开是民主政治的基础，也是开放政府的基本要求。通过互联网，政府能便捷、快速地向公众公开政府信息，使公众理解甚至监督政府工作（孟庆国和樊博，2006）。

2. 我国电子政务的发展历程

在当今信息时代，发展电子政务是提升国家综合实力不可或缺的一部分。电子政务在提高行政效率、降低办事成本、促进政府职能转变、拓宽公民参与渠道、提高政府公信力等方面都有积极作用。为了适应信息技术的发展，应对经济全球化带来的严峻挑战，我国政府高度重视并积极推进电子政务建设，取得了显著的进展。从电子政务的发展历程来看，学术界和实践界都对其进行了一定的阶段性划分。

目前，在学术研究领域，学者们主要根据电子政务的建设特点将其发展过程分为不同的阶段，其中被广泛认可的划分方法为四阶段划分法和五阶段划分法。四阶段划分法将电子政务划分为起步阶段（信息发布）、政府与用户单向互动阶段、政府与用户双向互动阶段及网上事务处理阶段（图1-1）。电子政务发展起步阶段的一种普遍形式是政府信息网上发布，政府通过官方网站向公众发布政务信息，如政策法规、办事指南、机构设置与职能介绍等。在政府与用户单向互动阶段，政府除了在网上发布政务信息之外，也开始向公众提供服务。例如，用户可以从政府网站上下载各种表格和文件。在政府与用户双向互动阶段，政府可以根据需要在网上公开征求公众的意见，公众也可以给予政府反馈。在网上事务处理阶段，用户和政府可以在网上办理各种事务。

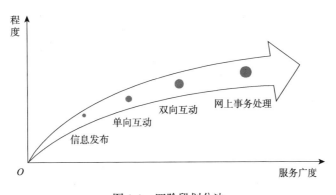

图 1-1 四阶段划分法

　　五阶段划分法将电子政务发展划分为起步阶段、提高阶段、交互阶段、事务处理阶段和网络化阶段，如图1-2所示。电子政务发展起步阶段的普遍形式是通过网站发布与政府服务相关的信息，政府信息网上发布是这一阶段的主要特征。在提高阶段，实现了政府与公众的单向沟通，政府除了在网上发布与政府服务有关的信息之外，还向公众提供表格下载等服务。交互阶段实现了政府与公众的双向互动，政府可以根据公众的需要，随时随地就某件事情在网上征求公众的意见；同时公众也可以在网上向政府提出建议或询问，通过网络参与政府的公共管理和决策，由此建立政府信息传递—公众意见反馈—政府部门回应的沟通机制。事务处理阶段实现了网上事务处理，政府可以以电子的方式完整地实现各项政府业务的处理和服务的传递。网络化阶段则实现了无缝集成，社会资源的无缝整合、组织趋于零成本运行、服务个性化和即时反应都是衡量信息社会高级发展阶段中任何一个政府组织信息化成熟度的主要标志。

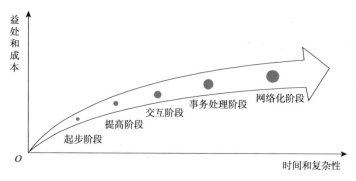

图1-2　五阶段划分法

　　从实践角度来看，我国电子政务建设可划分为初始阶段、起步阶段、发展阶段和全面建设阶段四个阶段。

　　（1）初始阶段。初始阶段是指从20世纪80年代到90年代中期，以办公电子化工程为特点。该阶段主要是利用计算机替代部分手工劳动，各级政府部门开始尝试利用计算机辅助一些政府办公活动，提高政府文字、报表处理等工作的效率。到80年代末，全国各地不少政府机构已经建立了各种纵向或横向的内部信息办公网络，还有很多政府机构成立了专门的信息中心，为提高政府的信息处理能力和决策水平起到了重要的作用。这一阶段常被称为政府办公自动化阶段。

　　（2）起步阶段。起步阶段主要在20世纪90年代中期，以"三金工程"为特点。该阶段的"三金工程"分别为"金关工程""金卡工程""金桥工程"。1993年12月，国务院成立了由20多个部委和企业代表组成的"国家经济信息化联席会议"（后改为国务院信息化工作领导小组），确立实施信息化工程，以信息化带动产业发展的指导思想，正式启动了"金关""金卡""金桥"等重大信息化工程，旨在推动信息化的基础设施建设走向深入，立足于在重点行业和部门传输数据信息，实现信息资源的共享，提高工作效率，建设我国的"信息准高速国道"。这一阶段常被称为金字工程阶段。

（3）发展阶段。发展阶段主要在 20 世纪 90 年代以后到 21 世纪初期，以"政府上网工程"为特点。1999 年 1 月中国电信和国家经济贸易委员会经济信息中心牵头，联合 40 多家部委（办、局）信息主管部门在北京共同举办"政府上网工程启动大会"，倡议并发动了具有历史意义的"政府上网工程"，1999 年也被定为"政府上网元年"。"政府上网工程"的目的是推动各级政府部门通过网络向社会提供各种公共信息资源，并逐步应用网络实现政府的相关职能，为实现电子政务打下坚实的基础。在"政府上网工程"的推动下，政府机关大规模在网上公开政府信息，2000 年 80%的中央部委与各级政府部门上网，截至 2002 年底，以 gov.cn 结尾注册的域名总数达到 7 796 个，占国内域名总数的 4.3%；已经建成的政府网站达到 6 148 个，80%的地市级政府在网上设立了办事窗口。我国的政府信息化建设有了实质性进展，电子政务的发展进入快车道。这一阶段也常被称为政府上网工程阶段。

（4）全面建设阶段。全面建设阶段是从 21 世纪初开始到现在，以"整体发展"为特点。进入 21 世纪，我国电子政务建设全面展开，这标志着我国电子政务建设进入了一个全面规划、整体发展的新阶段。各种公共服务电子化的措施不断推出，如"网上政务超市""网上行政审批大厅""一站式服务"等，让公众充分享受政府通过电子化手段提供的公共服务。

2002 年以后，我国电子政务的总体框架结构开始从"三网一库"（三网是指各级政府机关内部办公业务网、办公业务资源网、政府公众信息网，一库是指政务资源数据库）向"政务内外网"转变，形成了稳定和更加科学的发展模式与体系。

2002 年 7 月 3 日，国家信息化领导小组审议通过《国家信息化领导小组关于我国电子政务建设指导意见》，提出了"十五"期间我国电子政务的建设目标，宣布我国电子政务建设主要围绕"两网一站四库十二金"重点展开。其中，"两网"包括政务内网与外网。"一站"指政府门户网站。"四库"包括人口数据库、法人单位数据库、空间地理与自然资源数据库、宏观经济基础数据库四大基础信息数据库。"十二金"是面向政府办公业务建立的 12 个重点信息应用系统，按"2523"分为 4 个层次，第一个"2"指提供宏观决策支持的金宏工程、金土工程；"5"指涉及金融系统的金财、金税、金卡、金审和金关工程；第二个"2"指关系到国家稳定和社会稳定的金盾工程、金保工程；"3"指具有专业性质但对国家民生具有重要意义的金水、金农、金质工程。

2002 年 8 月，我国电子政务试点示范工程正式立项，陆续纳入试点的单位有

16 个：中央机关有国务院办公厅、国家发展和改革委员会、国务院国有资产监督管理委员会、商务部、劳动和社会保障部、科学技术部及国家税务总局、工商行政管理总局与海关总署；地方政府包括北京、上海、浙江、深圳、山东青岛、四川绵阳与广东南海等地的政府。我国电子政务试点示范工程为国家电子政务相关工程的实施奠定了基础，积累了经验。

2004 年 10 月，国家信息化领导小组召开第三次会议，提出"扎实推进电子政务，把行政体制改革与电子政务建设结合起来，推进政府职能转变"。

2006 年 1 月 1 日，中华人民共和国中央人民政府门户网站正式开通，这是我国信息化发展史上具有里程碑意义的重要事件。2006 年 3 月，国家信息化领导小组下发《国家电子政务总体框架》，指出"推进国家电子政务建设，服务是宗旨，应用是关键，信息资源开发利用是主线，基础设施是支撑，法律法规、标准化体系、管理体制是保障"。该框架是一个统一的整体，在一定时期内相对稳定，具体内涵随着经济社会发展而动态变化。

2006 年 3 月颁发的《2006—2020 年国家信息化发展战略》指出推行电子政务，包括改善公共服务、加强社会管理、强化综合监控、完善宏观调控四个方面。其中，电子政务行动计划指出，"规范政务基础信息的采集和应用，建设政务信息资源目录体系，推动政府信息公开。整合电子政务网络，建设政务信息资源的交换体系，全面支撑经济调节、市场监管、社会管理和公共服务职能"，以及"建立电子政务规划、预算、审批、评估综合协调机制"。

2007 年党的十七大报告中特别提出了"健全政府职责体系，完善公共服务体系，推行电子政务，强化社会管理和公共服务"的重要论述，首次将电子政务的作用定义为"加快行政管理体制改革，建设服务型政府"。

2008 年 5 月 1 日，《中华人民共和国政府信息公开条例》正式实施。该条例旨在保障公民、法人和其他组织依法获取政府信息，提高政府工作的透明度，并提出政府信息以公开为原则。

2010 年，覆盖全国的统一的电子政务网络基本建成，信息资源公开和共享机制初步建立。政府门户网站已经成为政府信息公开的重要渠道，50%以上的行政许可项目能够实现在线处理。同时，各地市相继组建经济和信息化委员会/局、工业和信息化局、工业和信息化委员会，地市级电子政务主管机构发生变化。各部委信息化建设进入集成应用阶段，地方政府信息资源共享和业务协同逐步深入。

2011 年被称为我国"政务微博元年"，政务微博进入了爆发式发展阶段，在短时间内已经成为网络问政的平台和重要渠道，在社会管理创新、政府信息公开、新闻舆论引导、倾听民众呼声、树立政府形象等方面起到了积极的作用。

2012 年 4 月，《"十二五"国家政务信息化工程建设规划》出台，拉开了我国电子政务"十二五"乃至未来十年工程建设新的序幕。2012 年也是中国智慧城市建设发展迅猛的一年，随着智慧城市建设的深入，顶层设计成为电子政务重要的工作思路。

2013年10月，中国政府网开通官方微博和微信，微博和微信成为政府机构的网络标配，标志着"政府网站+"的时代来临（汤志伟，2015）。

2014年12月，国务院办公厅印发的《关于加强政府网站信息内容建设的意见》指出，政府网站是信息化条件下政府密切联系人民群众的重要桥梁，也是网络时代政府履行职责的重要平台。建好管好政府网站是各级政府及其部门的重要职责。各级政府要围绕中心，服务大局，把满足社会公众对政府信息的需求作为政府网站建设的出发点和落脚点，使政府网站成为公众获取政府信息的第一来源、互动交流的重要渠道。

2016年3月，"十三五"规划纲要提出，要"牢牢把握信息技术变革趋势，实施网络强国战略，加快建设数字中国，推动信息技术与经济社会发展深度融合，加快推动信息经济发展壮大"。

2016年4月19日，习近平总书记在网络安全和信息化工作座谈会上指出，要"推动我国网信事业发展，让互联网更好造福人民"。

2016年9月，《国务院关于加快推进"互联网+政务服务"工作的指导意见》提出2017年底前，各省（区、市）人民政府、国务院有关部门建成一体化网上政务服务平台，全面公开政务服务事项，政务服务标准化、网络化水平显著提升。2020年底前，实现互联网与政务服务深度融合，建成覆盖全国的整体联动、部门协同、省级统筹、一网办理的"互联网+政务服务"体系，大幅提升政务服务智慧化水平，让政府服务更聪明，让企业和群众办事更方便、更快捷、更有效率。

历经数年的建设，我国电子政务在水平上和深度上取得了明显的进展，不仅促进了部门之间的信息共享和资源优化配置，也增强了对公众的服务力度，对我国的经济社会发展产生了极其重要的影响。

3. 我国电子政务的发展水平

越来越多的国家意识到电子政务的重要性，并加大对其的建设力度，电子政务的发展取得了显著的进展。目前已有多个机构依据不同的标准对电子政务的发展状况进行了评估，如埃森哲公司通过公共服务成熟度和客户关系成熟度两个指标来评估各国电子政务的发展水平：公共服务成熟度用于衡量政府提供的在线服务水平，包括服务成熟度的宽度和服务成熟度深度两个方面；客户关系成熟度用于测量政府的能力状态，包括洞察力、互动性、组织绩效、供给能力和网络五个维度。IBM公司根据灵活性、升级性、可靠性三个指标来构建电子政务评价体系：灵活性是指能适应快速变动的信息环境；升级性是指可为公民和企业不断变动、不可预测的需求提供服务；可靠性是指能保障最终用户的安全性、连贯性和实用性。而影响力最大的是联合国经济和社会事务部的《联合国电子政务调查报告》。该报告自 2003 年开始启动，每两年出版一次。它依据电子政务发展指数(e-government development index，EGDI) 对世界各国的电子政务发展水平进行了排名（表 1-1 ）。EGDI 是衡量一个国家电子政务水平的综合尺度，旨在评估电子政务在线服务的范围及质量、电信基础设施的发展状况和固有人力资本水平三个方面。结果显示，2016 年 15.0% 的国家具有极高 EGDI 值（大于 0.75），国家数较 2014 年增加了 4 个；33.7%的国家具有高 EGDI 值（0.50~0.75），国家数较 2014 年增加了 3 个；34.7%的国家具有中等 EGDI 值(0.25~0.50)，国家数较 2014 年减少了 7 个；16.6%的国家具有低 EGDI 值（小于 0.25 ）（图 1-3 ）。其中具有"极高 EGDI 值"的国家中有 19 个国家来自欧洲，占总数的 66%，而"低 EGDI 值"的国家主要来自非洲，说明不同国家/地区之间电子政务发展水平存在明显的不均衡。该报告显示，中国的电子政务发展指数为 0.607 1，排世界第 63 名，较 2012 年的第 78 名上升了 15 名，这说明在政府的重视和积极建设下，中国电子政务发展水平有了稳步提升，已处于全球中等偏上水平。

表 1-1　2016 年世界各国电子政务发展水平排名

排名	国家	EGDI	排名	国家	EGDI
1	英国	0.919 3	19	比利时	0.787 4
2	澳大利亚	0.914 3	20	以色列	0.780 6
3	韩国	0.891 5	21	斯洛文尼亚	0.776 9
4	新加坡	0.882 8	22	意大利	0.776 4
5	芬兰	0.881 7	23	立陶宛	0.774 7
6	瑞典	0.870 4	24	巴林	0.773 4
7	荷兰	0.865 9	25	卢森堡	0.770 5
8	新西兰	0.865 3	26	爱尔兰	0.768 9
9	丹麦	0.851 0	27	冰岛	0.766 2
10	法国	0.845 6	28	瑞士	0.752 5
11	日本	0.844 0	29	阿拉伯联合酋长国	0.751 5
12	美国	0.842 0			
13	爱沙尼亚	0.833 4	……	……	……
14	加拿大	0.828 5			
15	德国	0.821 0	63	中国	0.607 1
16	奥地利	0.820 8			
17	西班牙	0.813 5	……	……	……
18	挪威	0.811 7			

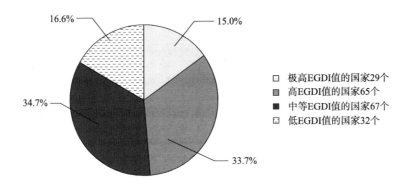

图 1-3　2016 年世界各国 EGDI 分布图

1.1.2　服务型政府

1. 服务型政府的背景与含义

20 世纪 70 年代中期，信息化和全球化的发展给西方政府带来了前所未有的变化：新的公共政策领域（如环境保护、科技发展等）受到了各界的重视；以日本为代表的亚洲国家的经济高速发展对西方国家造成了巨大压力；60 年代后期出现的滞胀局面，在 70 年代初期的石油危机中达到新的高峰，致使西方经济发展动荡；中产阶级逐渐成为社会主体，改变了社会结构（周志忍，1995）。为了适应新的变化、迎接新的挑战，西方政府试图以大规模扩大政府职能来化解危机，但这一举措却使政府机构膨胀、效率低下，并造成了沉重的财政负担，财政危机进而带来了管理危机和信任危机。因此全面彻底的政府改革势在必行，西方政府相继掀起了政府改革的浪潮，即新公共管理运动。西方政府改革主要围绕三条主线进行：优化政府职能，调整政府与市场、社会之间的关系；利用社会力量，实现公共服务社会化，提高公共服务的质量；改革政府部门内部的管理体制，提高内部协调与管理效率。经过一系列大刀阔斧的改革，西方政府的危机得到了缓解，政府的管理能力也得到了提升。

为了顺应时代发展，我国立足于本土情境，在借鉴吸收新公共管理运动经验的基础上创新性地提出了建设服务型政府。我国服务型政府建设具有深刻的背景，具体说来，主要是适应经济体制改革、社会转型和政府改革的三大需要。一是经济体制改革。市场经济体制给我国经济发展带来了前所未有的机遇，使我国综合实力大增，国内生产总值逐年增长（图 1-4），我国的经济总量已位列世界第二。但经济的发展也带来了许多不可忽视的问题，包括贫富差距过大、城乡差距拉大、就业压力巨大等问题，因此经济体制亟待转型。二是社会转型。社会保障的缺失、公共产品供给不足、环境污染和资源浪费等社会问题严重危害了社会稳定和可持续发展，给政府带来了严峻的挑战。三是政府改革。在当今时代，政府需要顺应时代要求进行行政体制改革，从管理者转变为公共服务的提供者（高小平和王立平，2009）。

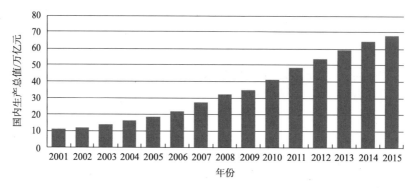

图 1-4　2001~2015 年国内生产总值增长图

　　服务型政府是指在民主、法制的框架下，以"为人民服务"为宗旨，在全面履行政府职能中贯彻服务理念，突出公共服务职能，承担服务责任的政府（谢庆奎，2005）。它是一个以维护公共利益、满足公众需求为目标，努力为全社会提供高质量的公共产品和公共服务的政府，它具有四个主要特征，即民主和责任、法治和高效、合理分权以及为全社会提供优质产品和服务（魏爱云和谢庆奎，2006）。我国在新时期提出建设服务型政府，既是时代的要求，也是全心全意为人民服务宗旨的体现，是科学发展观在政府行政改革方面的具体落实。建设服务型政府，必须坚持以人为本，提高政府的服务水平和质量，拓宽公共服务的供给渠道和覆盖范围，促进经济发展和社会稳定，为我国全面建成小康社会和最终实现社会主义现代化提供保障。

2. 服务型政府的建设历程

　　经济与社会的发展离不开政府的良好运行，因此，政府行政体制改革对建设和谐社会、实现可持续发展至关重要。中国的行政改革在经历了以精简政府机构和转变政府职能为重心的改革阶段之后，进入了以变革政府治理模式为重心的改革新阶段，提出建设服务型政府。1949 年以来的数次改革，均是由中央政府推动的，而建设服务型政府却是源于地方政府的自主改革。在中国加入世界贸易组织（World Trade Organization，WTO）前后，南京、上海、成都、重庆等城市的地方政府借鉴和吸取了西方新公共管理运动的经验，提出了建设服务型政府的改革目标，自发地开始进行服务型政府的建设。2002 年党的十六大明确指出，要"进一步转变政府职能，改进管理方式，推行电子政务，提高行政效率，降低行政成本，形成行为规范、运转协调、公正透明、廉洁高效的行政管理体制"，进一步推进了上述服务型政府建设先锋城市的改革进程。2004 年政府工作报告中首次提出"服务型政府"的概念，从此以后，个别城市政府自发的政府改革上升为全国层面的改革运动，建设服务型政府也成为中国政府改革的重要目标。2006 年十六届六中全会对构建社会主义和谐社会做出全面部署，明确提出要"建设服务型政府，强化社会管理和公共服务职能"。2007 年十七大强调"加快行政管理体制改革，建设服务型政府"。2011 年"十二五"规划提出要"发挥政府的主导作用，强化社会管理和公共服务职能，建设服务型政府，提高服务型管理能力"。2012年十八大再次提出"要按照建立中国特色社会主义行政体制目标，深入推进政企分开、政资分开、政事分开、政社分开，建设职能科学、结构优化、廉洁高效、人民满意的服务型政府"。

服务型政府重视政府职能的全面履行，凸显了社会管理和公共服务职能的重要性，强调政府应提供普惠型的基本公共服务，确保全体人民共享改革开放成果（郁建兴和高翔，2012），对建设和谐社会具有非常重要的意义。建设服务型政府有助于保障和改善民生，提升人民的幸福度和满意度；有助于促进居民消费，扩大内需，使内需成为经济和社会发展的重要驱动器；能够从整体上提高国民素质，为转变经济发展方式奠定坚实的人力资源基础；能够为经济社会发展创造良好环境，激发经济社会的内生动力，促进经济社会提质增速和协调发展；能够维护社会公平正义，为实现国家长治久安奠定坚实的政治基础和社会基础（薄贵利，2014）。

中共中央办公厅、国务院办公厅发布的《2006—2020 年国家信息化发展战略》提到要推行电子政务，改善公共服务，要"逐步增加服务内容，扩大服务范围，提高服务质量，推动服务型政府建设"。党的十七大报告将"电子政务"定义为"加快行政管理体制改革，建设服务型政府"的重要手段。习近平总书记在网络安全和信息化工作座谈会上也提出要"推动我国网信事业发展，让互联网更好造福人民"。服务型政府是政府改革的大势所趋，而电子政务则是建设服务型政府的重要实践路径。政府网站作为电子政务的重要组成部分，不仅使政府能更加便捷、快速地发布信息，还能够加强政府与公众之间的联系，使政府更好地为公众服务。电子政务的发展理念是"以人民为中心、以提升公共服务水平为目标"，因此，政府网站的建设也需秉持以人为本的理念，为公众提供公开透明、高效便捷的服务，这与建设服务型政府不谋而合。只有从公众的需求出发，为公众提供便捷、优质、高效的服务，才能提升公众对政府网站的满意度，促进公众对政府网站的持续使用。

1.1.3 国家治理现代化

改革开放三十余年以来，中国取得了举世瞩目的成就：经济保持高速平稳增长，社会发展水平极大提高，人民的生活也得到了显著改善。而这些发展也对国家的治理能力提出了新的要求。2013 年党的十八届三中全会提出全面深化改革的总目标："完善和发展中国特色社会主义制度，推进国家治理体系和治理能力现代化。"2015 年政府工作报告再次提出了"我们要全面推进依法治国，加快建设法治政府、创新政府、廉洁政府和服务型政府，增强政府执行力和公信力，促进国家治理体系和治理能力现代化"。

那么，何为国家治理现代化？国家治理现代化是指国家的治理体系和治理能力从低级至高级的突破性变革的过程，它包含治理体系现代化和治理能力现代化两个方面，这两者相辅相成，构成一个有机整体。国家治理体系是国家实施国家治理目标的基本制度体系，包括国家法律制度体系、党的制度体系和社会的制度体系这三个方面；国家治理能力是国家实现国家治理目标的实际能力，是国家制度执行能力的集中体现，它包括国家机构履行职责的能力，人民群众依法管理国家事务、经济社会文化事务、自身事务的能力，以及国家制度的建构和自我更新能力三方面（胡鞍钢，2014）。国家治理现代化对中国的现代化事业具有重大而深远的意义，只有良好的国家治理体系和治理能力才能保证中国更好地实现社会主义现代化。

习近平总书记在 2014 年省部级主要领导干部学习贯彻十八届三中全会精神全面深化改革专题研讨班开班式上强调，一个国家选择什么样的治理体系，是由这个国家的历史传承、文化传统、经济社会发展水平决定的，是由这个国家的人民决定的。中国将国家治理现代化作为全面深化改革的总目标具有深刻的历史背景：①公共需求的日益多样化与政府组织的有限容量之间的矛盾，要求推进国家治理现代化。与传统社会相比，现代社会的公共事务更加复杂，政府不仅需要承担保卫国家安全、维护社会基本秩序、引导经济健康发展、保持政治体系相对稳定等传统职能，还需要担负保障公民福利、保护生态环境、促进国际交往合作、推动科技进步等职责。为了有效地处理公共需求的日益多样化与政府组织的有限容量之间的矛盾，需要在中国共产党的统一领导下，全面改革和完善现有的体制机制、法律法规，正确判断公众的需求并予以满足。②经济高速发展与改革目标全面性之间的矛盾，要求推进国家治理现代化。当今时代，经济发展迅速，各种生产要素的高速流动为社会发展提供了基本动力，因而需要改革一切不利于生产要素流动以及资源优化配置的体制和机制，发挥市场在资源配置中的决定性作用。然而仅靠单纯的市场化改革不能保障经济发展和社会整体利益，因此，全方位推进国家治理现代化尤为迫切，它既能保证市场在资源配置中起决定性作用，又能更好地发挥政府在维护社会公正、社会稳定、生态环境及国家安全等方面的作用。③威胁国家安全稳定的因素越来越多与责任主体相对单一之间的矛盾，要求推进国家治理现代化。当前中国社会，传统与现代、落后与发达、封闭与开放并存，城乡、地域、民族、行业、劳资等之间的矛盾相互交织。政府基本处于所有矛盾的处理与化解过程中，使任何矛盾的激化都将责任矛头指向政府，而政府化解矛盾的手段有限且过于简单，又可能导致新的问题，进一步激化政府与公众之间的冲突和矛盾。④国际软实力竞争的日趋激烈与中国制度优势尚未完全彰显之间的矛盾，要求推进国家治理现代化。当今时代，国家之间的竞争已由单纯的硬实力比拼转向软实力的较量，因此，在坚持理论自信、道路自信和制度自信的同时，还应不断地推进中国特色社会主义治理体系的发展，彰显中国国家治理体系的独特魅力，为其他国家提供借鉴（郑言和李猛，2014）。

国家治理现代化的基础首先需要政府治理现代化。习近平总书记在中央网络安全和信息化领导小组第一次会议上指出，没有信息化就没有现代化，因而可以推导出没有政务信息化就没有政府治理现代化。要实现政府信息化，一是要变革现行的体制和机制，破除传统政府机构和体制的制约与阻碍，为政府信息化提供组织上的保障；二是要构建统一的"三张清单一张网"，包括权力清单、责任清单、负面清单和统一的社会管理公共服务网；三是要开放政府数据，为大数据和云计算等新兴技术的应用提供保障；四是要以政府的宏观决策、民生服务和市场监管为中心，构建综合性的跨部门应用系统；五是要加强政务信息化的法治建设，改变法治滞后于信息化本身的现状（汪玉凯，2015a）。

国家治理现代化，一方面为政府网站的建设提供了必需的人力物资等现实条件；另一方面也保障了公众参与政府决策、管理国家事务的权利。政府通过建设政府网站，为公众提供线上服务，在提高办事效率、促进决策科学化的同时，也加快了国家治理现代化的进程。

1.1.4　我国政府网站建设现状

自 1999 年"政府上网工程"正式启动后，我国各级政府部门都大力推动政府网站的建设，不断开通了越来越多的政府网站。截至 2016 年 6 月，我国共有 gov.cn 域名 55 290 个（中国互联网络信息中心，2016），说明在政府的高度重视和积极努力下，我国的政府网站建设取得了明显的进步。

一是初步形成了数量大、分布广的政府网站体系。从中央到省、市、县、乡镇各级政府部门，大多都开办了政府网站。以中央政府门户网站为龙头，各地区、各部门政府网站为支撑，基层政府网站为基础，遍布全国上下的政府网站体系已经初步形成，成为互联网领域一支举足轻重的重要力量。

二是政府网站成为政府信息公开的主平台。各级政府部门通过政府网站公开政府文件、政策解读、办事指南、财政信息等政务信息，提升政府透明度，保障公众的知情权和监督权。很多媒体引用的政务信息都来自政府网站，政府网站已经成为社会信息的权威来源，成为公众了解政府的重要途径。

三是网上互动交流和办事服务逐渐展开。大部分政府网站都开办了"政民互动""网络理政""网上信访""意见征集"等互动交流栏目，听取群众的意见和建议并及时给予反馈。此外，很多政府网站围绕公众的需求和关注热点，整合行政资源并开通在线办事功能，丰富了服务的内容，拓展了服务的方式。

四是注重运用新媒体新业务。目前，许多政府部门和政府网站积极探索通过政务微博、政务微信等新媒体来拓展政府信息的传播渠道，不但增强了信息公开的时效性，而且有助于正确地引导舆论，提升政府的公信力。

然而，在我国政府网站蓬勃发展的同时，政府网站建设还存在较多的问题，其中最突出的问题表现为"不及时、不准确、不回应、不实用"四个方面。

一是信息更新不及时。政府网站信息的时效性仍存在滞后性问题，部分网站信息发布延迟甚至长期不更新，俗称"睡眠网站"或"僵尸网站"，严重影响了政府的公信力和形象。

二是信息发布不准确。政府网站信息发布流程不规范，缺乏完备的政府网站内容管理体系。一些基层政府网站对发布的信息把关不严，如直接复制粘贴其他网站上的新闻和信息，或者重新发布旧新闻充当更新内容，破坏了政府网站的权威性。

三是交流互动不回应。作为政府与公众之间互动交流的主要平台，政府网站提供了众多在线互动的栏目，如留言板、领导邮箱等。但由于部分网站对公众的诉求不予理会或是采用"万能回复"敷衍公众，不但没起到与公众交流互动的作用，反而引发了公众强烈的不满。

四是服务信息不实用。政府网站进行信息公开的目的是扩大公众的知情权，为公众提供在线服务，满足公众的需求。然而部分网站忽视公众的需求，提供的信息华而不实，不能为民所用（王仲伟，2014）。

为了做好全国政府网站建设，有效解决政府网站"不及时、不准确、不回应、不实用"等问题，维护政府公信力，我国于2015年进行了第一次全国政府网站普查，发现政府网站存在着信息更新不及时、内容准确性较低、互动回应不积极等问题，这也致使公众使用率较低（国务院，2015）。针对上述问题，我国对部分政府网站进行了关停或整改，取得了显著成效：网站信息更新更加及时、内容准确性普遍提高、互动回应情况明显改善、在线服务功能不断完善。

2016 年国务院办公厅开展的第二次全国政府网站抽查发现，大部分政府网站内容保障水平显著提升，"僵尸网站""睡眠网站"等问题明显减少，总体抽查合格率 85%。抽查中发现了三个主要问题：①个别基层政府网站仍存在较大问题，如网站信息长期不更新、存在大量空白或不能访问的栏目、对民众留言咨询回复不及时等。②网站关停整改工作需进一步规范。个别网站出现关停整改不到位的情况，如整改超时和"带病运行"。③一些地方和部门忽视政府网站基本信息填报工作，如错报、漏报和未及时填报新版网站信息，导致不能反映政府网站的真实情况，影响了全国政府网站基本信息数据库的准确性，不利于对政府网站进行统筹管理（国务院，2016b）。

　　建设政府网站是构建服务型政府和实现国家治理现代化的必经途径，其宗旨是以人为本，服务公众。政府网站的发展离不开政府的重视和大力扶持，而公众的持续使用对政府网站的可持续发展也至关重要。虽然《2016 联合国电子政务调查报告》显示我国电子政务在线服务水平较好（在线服务指数高于0.75），但从总体上看，我国公民对在线服务的满意度仅处于中等偏上水平，与达到绝大多数人的比较满意和非常满意还有较大差距（联合国经济和社会事务部，2016）。虽然我国投入了巨大的财力物力发展电子政务、建设政府网站，但公众对政府网站的认可度和接受度依然不足，我国政府网站的发展任重而道远。因此，有必要从公众的角度深入探讨是什么影响了公众对政府网站的持续使用意向，进而提出促进公众持续使用政府网站的对策建议，提升公众对政府网站的认可度和接受度。

1.2　研究意义

　　我国政府已经经历了办公自动化、政府上网等阶段，当前更需要建设和发展能打破政府各部门信息孤岛、实现部门资源共享和服务协同的服务型电子政务。电子政务给政府治理带来了一场革命性变革，在政务信息化过程中成为发展的关键所在。而作为电子政务的重要组成部分，政府网站的发展必然是电子政务建设的重点，通过政府网站为公众提供服务也成为当下政府实现现代化治理的重要途径。我国互联网的发展正在从"数量"转换到"质量"，从"普及率提升"转换到"使用程度加深"（汪玉凯，2015b），但是，目前我国政府网站使用率低等问题仍未得到有效解决，阻碍了政府网站的成功发展。政府网站使用可分为政府网站的初始采纳和政府网站的持续使用两个阶段，现有的研究主要集中于公众对政府网站的初始采纳，而针对政府网站公众持续使用的研究还较为缺乏。在研究方法上，已有的研究多采用单一的方法，通过定性研究或定量研究来探讨政府网站使用的影响因素。定性研究一般被认为是归纳的、理论构建型的、主观的非实证研究,而定量研究一般被认为是演绎的、理论检验型的、客观的实证研究(李,2014)。用定量研究来验证现有理论阻碍了新理论因素的发现,而纯理论的研究又可能导致脱离现实。将定性研究与定量研究相融合的混合方法研究,能弥补单一的定性研究或定量研究的不足,发挥两种方法的优势。

　　基于上述原因,本书选择政府网站公众持续使用意向作为研究对象,采用混合方法研究,对研究问题进行定性和定量的探析。其中,在定性研究上选择源于后实证主义和符号互动论的扎根理论,在定量研究上采用问卷调查法、统计分析法,既避免了定性研究无法验证的局限,又弥补了定量研究的视野碎片化,从而构建出中国情境下的政府网站公众持续使用意向理论模型,为提高公众对政府网站的满意度,促进政府网站公众持续使用,以及为政府网站建设和良性运作提供可操作性建议。

　　本书的理论价值和实践意义如下。

　　(1)当前关于政府网站公众使用行为的研究多借鉴西方成熟的理论或模型,如技术接受模型(technology acceptance model,TAM)、理性行为理论(theory of reasoned action,TRA)和创新扩散理论(innovation diffusion theory,IDT)等来进行问题探讨,并且绝大多数研究主要关注的是公众对政府网站的初始采纳问题,一定程度上忽视了对政府网站公众持续使用问题的深入探究。公众对政府网站的初始采纳并不能够保证公众的持续使用,因此本书将进一步以政府网站公众持续使用为切入点,通过深度访谈获取研究数据,这些数据能更好地反映公众为何对政府网站产生持续使用意向,具有真实性和全面性。然后采用扎根理论进行编码分析,全面、深入地探讨影响政府网站公众持续使用意向的因素,构建理论分析框架。在此基础上,运用结构方程模型(structural equation modeling,SEM)对理论框架进行验证与优化,提出政府网站公众持续使用意向理论模型,补充和深化电子政务视域下公众使用行为的理论研究,为公众行为研究提供新的思路。

　　(2)本书通过探索我国政府网站公众持续使用意向的影响因素,建立政府网站公众持续使用意向理论模型。政府网站公众持续使用的研究是政府提升网上服务能力的重要理论问题,也是时代背景下政府网站建设和发展的内在要求。"互联网+政务"治理模式的提出,使政府网站发挥日益重要的作用。当下正是我国发展的关键时期,建设政府网站,推行在线公共服务,提升政府在线服务的能力尤为重要。促进公众对政府网站的持续使用有助于加快推进政府职能转变、建设以人为本的服务型政府,满足公众日益增长的公共服务需求,使公众共享互联网发展成果,从而实现国家治理现代化。

1.3　研究思路与方法

1.3.1　研究思路

本书的研究主要分为基础研究、实证研究（定性研究和定量研究）和对策建议三个渐进的阶段（图 1-5）。

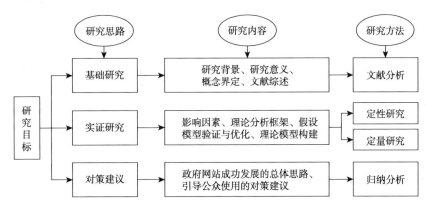

图 1-5　本书研究的技术路线

具体研究思路如下：

（1）基础研究：首先结合服务型政府和国家治理现代化的时代背景，分析我国电子政务发展状况以及政府网站建设的现状和面临的问题等，阐述本书的理论意义和实践意义。其次通过文献梳理对政府网站公众持续使用意向的相关概念和理论进行介绍和阐述，包括 TRA、计划行为理论（theory of planned behavior，TPB）、TAM、IDT、网络外部性理论、期望确认理论（expectation-confirmation theory，ECT）、信息系统成功模型（DeLone & McLean IS success model，D&M）、信任理论、社会认知理论（social cognitive theory，SCT）及整合型技术接受模型（unified theory of acceptance and use of technology，UTAUT）。最后通过 CiteSpace 软件细致分析国内外电子政务公众采纳的研究，回顾国内外相关研究的总体概况、热点主题、发展趋势、理论基础及研究范式等，并对国内外研究现状进行评述。

（2）实证研究：采用混合方法研究，包括定性研究和定量研究两个环节。在定性研究部分，首先通过深度访谈采集研究数据（设计政府网站公众持续使用的开放式访谈提纲，采集数据）。其次根据扎根理论方法对访谈数据进行编码分析，得出影响政府网站公众持续使用意向的因素，从而构建影响公众持续使用政府网站的理论分析框架。在定量研究部分，首先基于理论分析框架，构建研究假设模型。其次运用问卷调查和统计分析方法对假设模型进行验证与优化，并提出政府网站公众持续使用意向理论模型，丰富公众行为意向研究的理论体系。

（3）对策建议：根据本书构建的政府网站公众持续使用意向理论模型，提出政府网站建设的总体思路，并针对政府网站公众持续使用意向的影响因素，从营造良好的政府网站外部环境、树立良好的政府网站服务观念、明确政府网站的用户特征、有效保障政府网站的服务运营四个方面，为优化政府网站建设、提升政府网站公众持续使用意向提出可操作化建议。

1.3.2　研究方法

自 20 世纪 80 年代起，学界关于研究范式的争论一直绵延不断，主要的争论点是定量研究与定性研究这两种范式孰优孰劣的问题。在 20 世纪的大部分时间里，研究者都信奉并推崇定量研究，因为定量研究以实证主义为基础，通过分析和研究客观数据来阐释问题，而定性研究却是一个探索性的过程，侧重于通过建构主义的范式来解释或归纳问题。定量研究者认为定性研究是印象主义式的、趣闻轶事式的且充满偏见，甚至对某些接受定性研究的定量研究者来说，定性研究也仅仅是精炼量化工具的前期作业。而定性研究者认为定量研究虽然可以精炼既有理论，却很难导引出新的理论。Creswell（2007）认为定性研究与定量研究的五个根本性区别在于：第一，两种研究在本体论方面的区别是它们假定了不同的"现实"。定量研究假定存在一个单一的客观世界，而定性研究假设不同的研究者所观察到的"不同的现实"是可以共存的。第二，两种研究设计在认识论中的区别是它们假定了研究者的不同角色。定量研究假设研究者独立于其所研究的变量；而定性研究认为研究者与其研究对象互动。第三，两种研究设计在价值论上也存在明显差别。定量研究者宣称定量研究是一种价值中立、无偏见的研究手段；与之相反，定性研究者则宣称定性研究承载一定价值观，因而必然是有偏见的。第四，两种研究设计在修辞和语言表达上也存在差别。定量研究者往往采用客观的、正式的、有固定规则的文本语言；定性研究者往往采用个性化的、非正式的、基于上下文的语言。第五，两种研究设计在方法论及研究过程上存在差别。定量研究倾向于使用演绎推理，强调一定边界条件下的因果关系和非情境化的方法；定性研究倾向于使用归纳推理，强调多变量、多进程的交互作用及情境化的研究方法（李，2014）。

定性研究与定量研究都存在各自的优缺点（表 1-2），优劣难断，但其范式之争阻碍了视野的融合，使社会科学的研究成果趋于碎片化，于是有很多学者试图将这两种方法范式结合起来，探讨定性研究方法和定量研究方法在操作层面的相容性。因此，混合研究方法作为"第三种研究范式"应运而生。Creswell

（2007）将混合方法研究定义为社会科学、行为科学和健康科学领域的一种研究取向，持有这种取向的研究者同时收集定量（封闭的）数据和定性（开放的）数据，对两种数据进行整合，然后在整合两种数据强项的基础上进行诠释，更好地理解研究问题。融合定性与定量研究有三种基本设计方法，即两阶段设计、主辅设计和混合设计。两阶段设计是把定量研究放在定性研究之后进行的（或者相反），这种研究兼有定性与定量两类研究的优势，定量研究可以得到预先选出的特定预测变量对因变量影响的大小，而定性研究可用于确定研究中其他变量、过程及情境对结果的影响。主辅设计是指在定性研究里面引入一小部分定量研究（或者在定量研究中引入一小部分定性研究）。它利用其中一种研究方法的优势时，也能兼顾另一种方法的某种属性。这种设计能够将研究中选择不合适的研究方法的风险降到最低。混合设计是将多种定性与定量方法融合在单一的研究之中。通过选择多种技术，研究者创造出了一种互补的数据收集方法，以便弥补单一定性或定量研究策略的不足，因此收集到的数据同时对定性研究和定量研究都有用处（李，2014）。

表 1-2　定性研究与定量研究比较

定性研究	
优点	缺点
提供了一些人的详细观点	受制于可推广性
把握了参与者的话语	提供的是软性数据（非硬性数据）
在情境中理解参与者的经历	研究少数的人群
基于参与者的观点，而非研究者的观点	高度主观性
受到喜欢故事的人群的欢迎	依靠参与者本身，不依赖于研究者的专长

定量研究	
优点	缺点
通过广泛人群的大量数据来得出结论	脱离个人体验
有效地分析数据	不记录参与者的只言片语
探索数据内部的关系	对参与者本身的脉络理解有限
考量可能的因果关系	由主要研究者所驱动
受到喜欢数字的人群的欢迎	

资料来源：克雷斯威尔（2015）

　　由于目前关于政府网站公众持续使用研究的理论还较少，基于中国本土化环境的政府网站持续使用理论研究尤为匮乏，并且现有研究已经很难发现新的理论因素，本书的研究采用混合方法对政府网站公众持续使用意向进行更加深入、全面的探讨，以期为该问题贡献新的理论。在研究设计方面，两阶段设计可以有效弥补单独使用定性或定量研究方法的局限性，使研究更深入和透彻，并且能大大提高研究的效率（原长弘和李阳，2015）。本书先通过定性研究挖掘政府网站公众持续使用意向的影响因素并构建理论分析框架，再通过定量研究对理论分析框架进行验证和优化，从而得出政府网站公众持续使用的影响因素，为政府网站的成功发展提出针对性建议。

本书具体采用的研究方法如下。

（1）文献分析法。文献分析法是指通过搜集、鉴别和梳理文献，形成对事实的科学认识的方法。首先，本书通过文献分析，对政府网站和持续使用意向做出定义，并对信息系统研究中常用的经典理论和模型，如 TRA、TPB、TAM、IDT、网络外部性理论和 ECT 等进行细致详尽的介绍。其次，通过 CiteSpace 软件在CNKI 与 WOS 两大数据库平台上采集关于电子政务公众使用行为研究领域的核心期刊，进行系统性的回顾，以可视化的图表清晰、准确地呈现已有研究文献的总体情况、热点主题、发展趋势、理论基础和研究范式等，并对国内外文献加以评述。

（2）扎根理论。扎根理论由社会学家 Glaser 和 Strauss 于 1967 年提出，目前已广泛地应用于社会学、人类学、心理学和管理学等众多学科的问题研究中。扎根理论是一种构建理论的定性研究方法，在自然环境下，利用开放性访谈、文献分析、参与式观察等方法，对社会现象进行深入、细致、长期的研究，通过广泛系统的搜集和三层次编码，寻找反映社会现象的核心概念，概括出理论命题，并回到资料和类似情景中接受检验（王海宁，2008）。它的提出是为了回答在社会研究中，如何能系统性地获取和分析资料以发现理论，保证其符合实际情境并能提供相关的预测、说明、解释与应用。它通过数据进行归纳分析，并关注概念框架或理论的形成（卡麦兹，2009），其目标是通过生成理论去解释与参与者有关或与参与者涉及问题相关的行为模式（Glaser，1978）。与定量研究不同的是，研究者不会提出假设，而是直接从调查资料中进行经验概括，提炼出反映社会现象的概念，进而发展范畴以及范畴之间的关联，最终提升为理论（张敬伟和马东俊，2009）。

作为定性研究的一种主要方法，深度访谈是指通过与被调查者深入交谈以了解某一社会群体的生活方式和生活经历，探讨特定社会现象的形成过程，并提出解决社会问题的思路和办法。深度访谈可以生成大量的文本性资料、丰富的访谈资料，便于运用扎根理论对个体经验进行比较、辨析，从而抽象出概念、范畴，并在此基础上构建出反映现实生活的社会理论。扎根理论不仅可以为深度访谈提供建构社会理论的手段和策略，还提出了分析资料的具体方法和步骤（孙晓娥，2011）。因此，本书基于扎根理论，通过深度访谈获取大量真实可靠的数据，进而探究政府网站公众持续使用意向的影响因素。

（3）问卷调查法。问卷调查法是指运用统一设计的问卷向被选取的调查对象获取材料或信息的方法。根据本书研究的理论模型和变量的定义，首先借鉴前人研究中的问卷量表制定本书研究的变量测量量表，通过向电子政务领域的专家进行咨询，以及与电子政务研究方向的研究生、政府网站用户进行讨论，设计出本书研究的初始问卷。其次，通过发放一定量的问卷进行问卷前测，修改问卷中有歧义和不合理的部分，得到本书研究的正式测量问卷。最后，通过线上、线下等方式进行大规模的问卷发放与回收。

（4）统计分析法。整理问卷调查采集的数据，运用 SPSS 21.0 软件对数据进行描述性分析和信度、效度检验，数据通过检验后进行相关分析，检验变量之间的相关性。然后，利用 AMOS 21.0 软件进行 SEM 分析，验证研究假设和优化理论模型，再通过路径分析探寻变量之间的关系，进一步探讨影响公众持续使用政府网站的因素。

1.4　研究创新

本书的创新主要体现在研究问题、研究方法和研究内容三个方面。

（1）研究问题推进。本书通过 CNKI 的期刊论文和硕博学位论文检索，获得国内关于政府网站公众使用研究的期刊 68 篇、硕博学位论文 38 篇，共计 106 篇，其中关于公众持续使用行为的文献仅有 19 篇，占总数的 17.9%。同样地，在 WOS 核心集检索到国外电子政务公众使用行为相关研究文献 198 篇，其中电子政务持续使用相关文献 49 篇，占总数的 24.75%。由此可以看出，当前关于电子政务使用的研究大多聚焦在公众的初始采纳层面，对公众持续使用的研究还较少。由于公众持续使用是影响政府网站长久发展的关键因素，本书聚焦公众对政府网站的持续使用意向，通过扎根分析并发现新因素和新关系，构建全新的政府网站公众持续使用意向的分析框架，有助于更好地理解公众持续使用的影响因素，为政府网站的建设提供针对性建议，对政府网站的可持续发展也具有实践意义。

（2）研究方法推新。本书采用了融合定量研究与定性研究的混合方法研究来分析并验证政府网站公众持续使用意向的影响因素。首先，通过深度访谈获取广泛、真实的研究数据。其次，根据扎根理论对数据进行编码，全面探讨政府网站公众持续使用意向的影响因素并构建理论模型。最后，通过提出研究假设、设计问卷、收集和分析样本数据等一系列步骤，对政府网站公众持续使用意向进行实证研究。在定性研究上选择源于后实证主义和符号互动论的扎根理论，在定量研究上选择问卷调查法与统计分析法，打破定性研究无法验证的限制，同时也弥补了定量研究的视野碎片化。这两种不同研究视野使本书对政府网站公众持续使用意向有了较为全面的认识，使对策和建议能更具有针对性和可操作性。

（3）研究内容深化。通过 CiteSpace 的可视化视图展示了国内外电子政务公众使用相关研究的发展脉络，清晰呈现了研究主题、热点、方法及趋势。通过深度访谈和问卷调查获取真实广泛的数据，系统地发现并验证与分析了公众对政府网站产生持续使用意向的影响因素，从而构建中国情境下的政府网站公众持续使用意向的影响因素理论模型，进行了理论创新，丰富了研究内容，提升了研究的广度和深度。

1.5　本章小结

本章先从电子政务、服务型政府和国家治理现代化的时代背景出发，结合我国政府网站建设的现状，对本书的选题背景进行了描述。然后介绍了本书的研究思路、研究方法及研究创新，阐释了政府网站公众持续使用研究的理论价值和实践意义。

第 2 章　基础概念和相关理论

2.1　基础概念

2.1.1　政府网站

现代信息技术的持续进步，特别是网络技术与信息服务水平的提升，促使各个国家政府及部门积极开展电子政务建设，运用电子化、网络化的手段搭建政府的网上门户，即政府网站。各国政府和学者都不同程度地以政府网站功能的发挥来衡量政府网上服务运作的效能，他们都对政府网站的未来发展寄予了较大的期望，希望政府网站能有效提供公共服务，而这些期望着重表现在他们对政府网站的解读上。

一般而言，网站是指包含文本、图像、视频、音频等内容的组合网页（蔡晶波，2013）。当前，网站被看做与报纸、广播和电视并行的四大媒体，它纳入并发展了多种类型媒体的重点功能，将文本展示、音像内容等通过信息延迟、循环播放和沟通互动等方式综合在一个平台，其特点是覆盖范围广，受众群体多（杨生军，2011）。政府网站是所有网站中的一种特殊类型，由政府开发、运营和管理，它的权威性和公信力高于其他网站。目前，国内外学者对政府网站的认识及定义具有多样化特征。

国外学者通常把政府网站称作渠道和平台，从技术层面强调政府网站的特征。Layne 和 Lee（2001）在对电子政府发展阶段模型的研究中发现，政府网站是政府基于互联网技术的应用而拓宽市民、商业伙伴、员工、其他机构及政府机构获取政府信息和服务的通道。Jaeger（2006）认为，作为电子政务的服务终端，政府网站是政府实现政府信息公开、服务社会大众和企业、方便公众参与的重要渠道；是政府内部政务应用系统和各种业务应用系统整合与交互的平台。Jacso（2002）把政府网站定义为：它是一个通过整合各种信息数据库，并将其建设成一个网络信息获取渠道，使用户能在需要的时候在一个网站上快速获取到不同部门的信息，达到方便用户获取信息的目的。

　　国内学者更注重政府网站的工具特性，凸显政府网站的服务本质。史建玲（2003）认为政府网站是指由国家或地方政府来建设完成的，具有统一入口并连接各级部门政府网站，并且在线向广大公众、企业和政府工作人员提供政府信息和服务的网站。徐晓林等（2005）指出政府网站是在各政府部门信息化建设的基础上，建立的跨部门、综合的业务应用系统，是政府办公业务的对外交流平台，是提供在线公共服务的重要工具。李广乾（2004）认为政府网站是政府的综合性在线办公系统，可以使公众与政府职员都能快速便捷地接入所有相关政府部门的政务信息和业务应用，并获得个性化服务，使合适的人在适当的时间获得适当的服务。白庆华（2009）认为政府网站是政府部门利用互联网平台开发的面向政府业务和公共服务的网站系统。政府电子化服务中的政府网站，本质上可以理解为政务网站。陈小筑（2006）认为政府网站是我国各级政府履行职能、面向社会提供服务的官方网站，是政府实现政务信息公开、服务企业和社会公众、方便公众参与的重要渠道。杨秀丹和刘振兴（2007）认为政府网站是电子政府的具体表现，是政府面向公众用户（企业、社团和个人）的动态信息管理和信息发布平台，是面向用户提供各种在线服务的窗口，是政府内部办公、外部交流的通道。个人和企业可以在这个网站上访问各类公开信息，并且在经过安全认证之后，获取政府提供的查询、在线办理等各类公共服务。

　　从不同学者对政府网站的定义来看，虽然对政府网站描述的侧重点有所不同，但都在一定程度上揭示了政府网站的基本内涵，即政府网站是政府与公众之间沟通交流的重要渠道，是政府提供公共服务的必要工具。因此综合大多数学者的观点，本书认为，政府网站是指各级政府及部门基于当前的信息化条件，通过现代信息网络技术搭建的跨部门、多层次的综合性业务应用系统，目的是使公众、企业与政府内部人员都能有效地利用政府网站提供的政务信息、业务应用和个性化服务。其具体的含义包括以下三个方面：政府网站是一类特殊的网站，是引导用户获取信息和服务的平台；政府和部门机构的门户网站具有唯一性，政府网站为用户设定统一入口，提供"一站式"的服务方式，提升政府部门内部业务和流程的便捷性；政府网站的用户不仅包括社会上的公众和组织，也包括政府内部的工作人员，政府网站会依据用户的权限，向其提供权限内的服务方式与信息内容。

　　当前，政府网站更像是实体政府与部门在互联网上的虚拟化，政府网站水平的提升推动了网络政治的进步，为中国民主政治建设提供了永不枯竭的动力源泉。作为电子政务建设的核心内容，政府网站的应用效果代表着电子政务的发展程度，是电子化政府建设的必要环节。同时，政府网站功能的不断扩大改变了传统意义上官僚制的政府行政模式和公共服务提供方式。在政府与公众关系发展受到种种限制的背景下，政府网站提供的信息公开、服务链接、在线咨询等形式是公众获得政府信息和服务的便利渠道，促使公众与政府之间的关系变得常态化和亲密化。同时，政府网站通过多样化的渠道为公众提供了表达自身想法的有效途径，使公众可以直接介入政府决策过程中，使政府决策更加科学化、透明化。

2.1.2 持续使用意向

近年来"以用户为中心"的理念和信息服务的快速发展，推动了用户使用的研究。一般而言，使用指的是应用某物的行动、状态或方法，信息技术使用指的是用户使用信息技术的行为、状态或方法。根据用户的使用次数，用户的使用可分为初始采纳和持续使用两个阶段。Parthasarathy 和 Bhattacherjee（1998）在研究信息系统时曾指出，争取一个新客户的代价是维系一个老客户所要付出的代价的 5 倍。Bhattacherjee（2001）认为信息系统成功的关键因素在于用户对系统的持续使用行为，用户的持续使用比初始接受更为重要。本书将遵循上述学者的使用行为定义，再根据信息技术使用的含义与使用的两个阶段，将政府网站的使用行为定义为：用户接受政府网站服务方式后的行为状态，包括初始采纳和持续使用两个阶段。用户的初始采纳行为是政府网站成功的第一步，是用户在接受政府网站的服务方式后的第一次使用行为，而用户持续使用行为是政府网站成功更为重要的推动力，是用户在经历初次使用或更多使用次数后，仍继续坚持使用的一系列后续行为。

在用户行为研究中，学者们都遵循态度影响行为意向，行为意向影响使用行为的研究范式，因此，使用行为是行为决策的结果，并且行为意愿是引发使用行为的先决条件（周蕊，2014）。在使用意向的研究中，学者们根据行为意愿概念延伸出使用意向的概念，并较为统一地认为行为意向与行为意愿的内涵是一致的，他们认为行为意愿是个体对其未来特定活动或者行动的可能性或倾向的主观判断，是连接用户自身与将来行为的一种陈述，即用户的行动由其行为意愿所决定。由此，我们可以将使用意向表示为：用户对特定的产品或服务是否具有购买或者使用欲望的心理活动，代表着用户愿意从事特定使用行为的概率高低。由于不同阶段用户的需求不同，再根据前文中使用行为的不同阶段的划分，使用意向分为初始采纳意向和持续使用意向，本书将着重研究用户的持续使用意向。

持续使用意向研究广泛存在于信息技术行为研究领域，许多研究直接将持续使用意向定义为：用户继续使用某项信息技术或系统的意图或主观倾向。目前，信息技术持续使用意向研究参考较多的是 Bhattacherjee（2001）的定义，他将持续使用意向定义为与重复购买意愿类似的决策，即用户持续使用该系统的意向。他认为顾客重复购买意愿与持续使用意向并无本质上的差别，只是在不同情境下用于不同对象忠诚度的研究，两者的区分主要在于对消费行为中主体的定位：重复购买意愿的主体是消费者，持续使用意向的主体是信息系统的使用者或消费者；Bhattacherjee（2001）最早将持续使用意向应用到他所构建的基于 ECT 的信息系统持续使用模型（expectation-confirmation model of information system continuance，ECM-ISC）中，并且根据 Mathieson 的行为意向量表将信息系统的持续使用意向拓展为个体继续使用某一信息系统的主观倾向。他研究的对象是电子银行系统，因此将持续使用意向概念化为用户持续使用电子银行系统的意愿。近年来，各类新兴的信息技术与应用不断涌现，引发国外学者对信息技术用户持续使用意向的大量关注。在不同的信息技术应用领域，学术成果都较为丰富。同时，国内学者对信息技术用户持续使用意向的研究也在不断深入，对持续使用意向的定义也会根据研究对象的不同稍有变化，但本质内涵十分相近，如表 2-1 所示（杨根福，2015；刘洪国，2015；肖桂芳，2015；刘超，2014；李然，2014；王新浩，2013；舒杰，2011）。用户的持续使用意向可以理解为用户坚持某种使用行为的主观意向，明确而言，即用户接受某一特定的产品或服务后，仍然具有持续使用的意图，而用户持续使用行为则是具有持续使用意向的用户在将来的行动实践。本书的研究对象为我国政府网站，需更多地考虑本土化的特征，因此，本书主要参照国内学者的用户持续使用意向的概念，将政府网站持续使用意向定义为政府网站用户在初次使用政府网站后，呈现出继续使用政府网站的主观意向（表 2-1）。

表 2-1　国内学者的用户持续使用意向研究

学者	研究对象	定义
杨根福	网络教学平台	学生在使用了网络教学平台后想要继续使用的意愿
刘洪国	O2O 平台	在经过一次或多次使用与衡量后，而依旧保有使用意图并愿意再使用该 O2O 平台
肖桂芳	政府网站论坛	使用者对持续使用政府网站论坛的主观意愿的强度
刘超	微信支付	消费者在首次使用微信支付购买产品与服务之后，仍然愿意在后续很长的一段时间内将微信支付作为其常用的支付方式的意愿
李然	移动购物服务	消费者在未来持续使用移动购物服务的主观认知
王新浩	企业网上银行	未来持续使用本企业网上银行的意愿
舒杰	政府信息系统	政府机关单位员工持续使用政府信息系统的主观意愿

2.2　相关理论

在信息系统的公众行为意愿研究领域，公众初始采纳问题被学者们重点关注。许多学者对此进行研究，提出多种视角的解释模型，其中普遍应用的包括 TRA、TPB、IDT 和 TAM。但随着信息系统的普及，人们发现信息系统的持续使用更为关键。虽然公众初始采纳意向与行为是信息系统应用取得成功的重要起步，但信息系统要想长期发挥应有的效应，更多的是依靠公众的持续使用。由于政府网站也属于信息系统一类，因此本书在进行政府网站持续使用意向研究时，首先应回顾信息系统采纳研究的相关基础理论。

目前，信息系统持续使用意向研究尚未形成统一的理论模型，大多数研究是基于信息系统采纳经典理论的扩展研究。不同的学者主要以 TRA、TAM、TPB、IDT、ECT 等为基础，通过引入新的变量或者不同的研究情境开展公众持续使用信息技术的研究。这些理论都是学者在初始采纳研究中提出并多次验证的，对采纳意向和行为的解释、预测具有较高的信服度。但公众初始采纳意向与持续使用意向有着明显的区别，持续使用问题并不仅仅是初始采纳问题的延续，因此，对初始采纳研究能适用的理论框架，并不一定能对公众的持续使用意向与行为做出有效的验证与阐释。

上述经典理论之间存在着密切的关系，前续理论是后续理论的发展基础。TRA 根据自身对从事某项行为的认知和结果评判以及社会规范的平衡来决定是否从事某项行为（Ajzen and Fishbein，1975）。TAM 由 Davis 提出，它对 TRA 的信念及结果的评价进行具体化，认为信念主要是感知有用性；同时针对 TRA 未考虑外部因素对行为的影响进行修正，加入了感知易用性与感知有用性两个变量，认为其他外部因素都是通过这两个变量来影响态度的（Davis，1989）。TPB 是在 TRA 的基础上提出的，探索用户在无法完全控制其行为的情况下，态度、主观规范与使用行为之间的关系，其对政府网站的个人采纳与接受意愿具有良好的解释和预测能力（Ajzen，1985，1991）。TPB 是行为科学的基础理论，可用于研究复杂环境下的个体行为，也被广泛运用于解释用户对信息技术的采纳行为。同时，ECT 主要着眼于用户持续使用某种产品的主观倾向，认为用户在使用某种产品之前会有一定的价值期望，该期望会与用户使用后的价值感知进行对比，由此产生的感知差距会影响用户的持续使用意向。Bhattacherjee（2001）基于 ECT 提出了 ECM-ISC。之后诸多有关信息技术持续使用的研究都建立在 ECM-ISC 的基础之上，一方面这些研究对 ECM-ISC 进行了验证；另一方面也在不同情境下对 ECM-ISC 进行了补充和发展。除上述理论外，还有其他关于信息技术采纳研究的理论，本书也将进行详细梳理。

2.2.1　理性行为理论

美国学者 Ajzen 和 Fishbein 于 1975 年提出了 TRA，该理论主要反映了态度与行为的基本规律，其基本假设是：人是理性的，人们的所有行为都是在评判了自身的价值、预估了他人可能产生的意见和全方位衡量了社会规范后，经过深思熟虑后做出的理性决定，其理论模型如图 2-1 所示。TRA 的核心要素是行为意向，行为意向是指个体执行特定行为的倾向性。行为意向是行为的前置变量，行为在某种程度上可以由行为意向决定，而行为意向又是由行为态度和主观规范决定的。行为态度是个体对执行某种行为的积极或消极的评判。主观规范涉及社会环境对个体行为的影响，指个体在执行或不执行某种行为时感受到的社会压力，这种压力可能来源于他所重视的人的意见与看法，即家人、朋友等认为他是否应该执行某特定行为。TRA 认为无论是何种内外在的条件因素，只要想影响个体行为，都需要通过行为态度和主观规范这两个变量来间接地发挥效应，最后影响实际行为。目前，TRA 被看做探索人类认知行为最基础、最有影响力的理论之一，它让人们对行为产生的合理性有了清晰的认识（Davis，1989）。

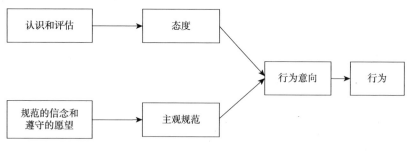

图 2-1　理性行为理论

资料来源：Ajzen和Fishbein（1975）

TRA 主要探究态度和主观规范对自身行为的影响，该理论是对"态度-行为"相关关系的验证及延伸。在最初的探索过程中，许多学者假设了态度与行为存在密切关系，同时提出了通用的测量方法，并通过观察个体对刺激物的态度评分与实践行为之间的关系验证了假设。由此看出，TRA 能较好地解释和预测行为意向。但随着对态度与行为关系研究的深入，态度的多维度属性开始受到学者的关注，态度包括认知、情感和意动成分。基于此，部分学者对态度与行为之间存在密切关系的假设提出了不一样的观点。有学者认为态度并不是影响行为的唯一因素，其他如社会规范、习惯、个人性格等因素同样会影响行为。然而不管态度与行为关系研究中的影响因素是单个因素还是多个因素，其中许多研究都具有局限性，即只显示了传统的态度测量，对行为的预测不足，并且未将态度之外的变量作为影响行为的因素进行系统处理，仅将这些变量作为影响态度预测行为的误差来源。随后，学者们基于社会条件及环境的多变性，认为行为意向并不一定会如正常情景一般引发行为，行为意向和行为之间并不总是高度相关。学者们还提出这种情况的主要原因是：其一，研究方法不恰当；其二，变量有所欠缺，还需要考虑增加新的变量，提高模型的预测能力。

　　基于研究情境的复杂化，许多学者为扩大理论的适用范围，从原有研究出发，对 TRA 进行扩展。Ajzen（1985）在 TRA 的基础上加入知觉行为控制，提出了 TPB。他认为知觉行为控制与理性行为理论中原有的因素共同影响意图，能够更好地预测行为。Davis（1989）基于 TRA，通过研究用户对信息系统接受的情况提出了 TAM，该模型包含两个决定性的因素：一是感知的有用性，反映一个具体系统对工作业绩提高的程度；二是感知的易用性，反映使用一个具体系统的容易程度。总之，TRA 被广泛应用于社会心理学领域，该理论在不同情境下，通过不断修正原有变量和测量方法，在解释和预测个体行为上得到了普遍应用。

2.2.2　计划行为理论

　　Ajzen 和 Fishbein（1975）提出的 TRA 是一个用来预测行为的通用模型。该模型认为行为意图在预测一个人是否会从事某项行为时，比信念、态度及感觉因素的预测效果更好，这促使人们对行为产生的规律有了一套相对合理的认知体系。不过 TRA 有一个关键的隐含假设：人是理性的，即个人能通过自身条件有效控制自己的行为。然而人们的部分行为并非完全能被个人理性地控制，而且个人行为还会受到机会、资源等外部因素的影响，因此，该理论并不是对所有行为都能有足够的解释力，还需适应研究需要，引入部分控制变量及外部因素。随后，Ajzen（1985）对 TRA 进行修正，加入了行为控制认知，继而提出 TPB，理论模型如图 2-2 所示。

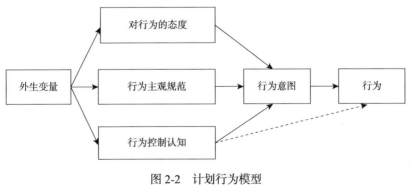

图 2-2　计划行为模型

资料来源：Ajzen（1985）

　　由图 2-2 可知，该模型包含六个组成部分，表现为四个关键性因素。

　　（1）行为态度。行为态度是指个人对某项行为展现出的积极或否定的感觉，是行为信念和结果判断加权后乘积函数的总和，即个人对该特定行为的评价经过概念化之后所形成的主观认识。Ajzen（1985）指出，行为态度对行为意向具有直接的影响，个人行为态度展现得越积极，那么行为倾向就会出现接受的感觉；反之，如果个人对行为态度展现得越消极，那么行为倾向就会出现抵触的感觉。

（2）主观规范。主观规范是指个人对是否采取某种行为所感知的社会压力，即个人的行为决策会受到来自参考对象（他人或团队）的影响。若个体执行特定行为所感受到的社会压力越大，即表示行为的主观规范越强，那么行为意图就会越显现；反之，如果个体执行特定行为所感受到的社会压力越小，即表示主观规范越弱，那么行为意图越不显现。

（3）知觉行为控制。知觉行为控制反映了个人既有的经验评估和预期的阻碍认知，代表个人对可控制行为执行的程度。在这里，行为执行的意愿强弱取决于两个重要的因素，即机会和自愿。机会是个人对行为的直接预测和能达到的效果；自愿是动机强弱的表示。当个人认为自己所掌握的资源与机会越多时，所预期的阻碍越少，那么个人行为的知觉行为控制就越强。换言之，知觉行为控制反映了个人执行某种行为所感受到的难易程度，知觉行为控制程度越高，行为意图就越显现；反之，知觉行为控制程度越低，则行为意图越不显现。

（4）行为意图。行为意图是指对个人选定某项行为的主观概率的判定，它反映了个人对某一项特定行为的执行意愿。在这里，行为意图与行为显现出密切的相关性关系，我们可以认为行为意图越显现，意味着他执行行为的可能性越大。

从上述可知，TPB 认为人们选定某项行为的行为意图取决于三个独立因素，即行为态度、主观规范以及个人行为的知觉控制，在三个因素变量影响后的行为意图是引致行为发生的关键因素。在 TPB 中，行为态度属于行为信念，主观规范属于规范信念，而知觉行为控制则属于控制信念。通常在实际操作该理论模型的过程中，行为态度和主观规范两个变量所无法解释的范畴，均可在知觉行为控制变量上开辟路径。目前，TPB 在 TRA 的基础上产生并得到迅速发展，增强了对行为的解释力，拓宽了理论的广泛适用性。与 TRA 类似，TPB 已经被证明能成功预测并解释众多领域的人类行为，是研究人类行为的最有影响力的理论之一。在信息系统研究领域，TPB 常常用来分析个体对信息系统的接受与使用意愿。

2.2.3　技术接受模型

正如前文所讲，Ajzen 和 Fishbein 在 1975 年提出了 TRA。该理论认为个体的行为在一定程度上可以由行为意向进行合理的推测，而个体的行为意向主要是由行为态度和主观规范决定的。因此，Davis（1989）在 TRA 的基础上，着眼于态度与行为意向的关系，提出了用于解释技术接受后使用者行为的新模型，即 TAM，目的是了解外部变量对使用者内在信念、主观态度、行为意向的影响，探讨使用者接受新技术的行为，并试图分析影响使用者接受新技术的各项因素（图 2-3）。

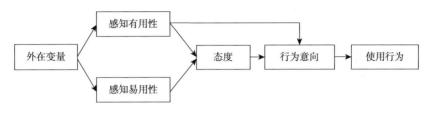

图 2-3　技术接受模型
资料来源：Davis（1989）

　　TAM 遵循了 TRA 中态度影响行为意向的观点，认为使用行为取决于行为意向，但 TAM 认为行为主体（个人或组织）在技术接受时，态度比主观规范有更强的影响力，使用者对使用技术的态度表现得越明显，那么使用技术的行为意愿就会越显现，这等于技术的接受程度越高。TAM 有两个路径因素：感知有用性和感知易用性，它们综合作用于态度。感知有用性是指行为主体相信采用一项新技术能够改善其现有工作状态的程度，如使用者认为使用该系统能对其工作效率提升有所帮助，则就有可能愿意使用该系统。感知易用性是指行为主体相信能够轻松使用某项新技术的程度，如使用者感觉到系统容易使用，就更有可能放弃原有的工作方式。TAM 舍弃了 TRA 中的主观规范，希望通过分析感知有用性和感知易用性两个因素对态度及行为意向的影响，用通俗化的方式来解释技术接受的决定性因素。

　　TAM 的理论基础十分坚实，不少学者将用户持续使用行为看做用户接受行为的延伸，并将 TAM 实践于持续使用研究中，力图使信息技术的使用行为能够被很好地解释。由于模型结构简单，TAM 被提出之后，已成为信息系统用户行为研究领域中最简单明了、最广泛使用的理论模型之一，这也证实了其具有普遍适用性。TAM 从起初着眼于用户对信息系统的使用行为，发展到用于解释网站浏览、网络购物等普遍的互联网使用行为中。在电子政务研究领域中，部分学者已经做出了探索性的研究，如 Keat 和 Mohan（2004）在研究电子政务的用户使用影响中，认为感知有用性及感知易用性能够直接通过信任机制影响用户的行为；Adams 等（1992）认为感知有用性与感知易用性在确定网站使用者对网站接受度中起重要作用，而使用者的接受度是判断网站成功的关键；van Dijk 等（2008）在对电子政务用户接受模型的研究中，通过数据分析得出感知有用性和感知易用性与用户接受具有正相关性。

　　不过事物往往存在双面性，在撇开该模型简洁等优点后，TAM 也显现出一些缺点：TAM 舍弃了传统理性行为模型中的主观规范，寄希望于通过感知有用性和感知易用性来解释态度与行为意图，这限制了该模型在个人不完全自愿行为下的应用，使其在大多数的实际问题研究上具有局限性。因为人在社会环境和各种组织结构中，通常会或多或少地受到他人的影响。再者，TAM 在解释用户持续使用意向时有一个比较明显的缺点，即难以解释用户接受后却又停止使用行为的现象。因此，当前大量的研究人员在原有的基础之上扩展 TAM，试图提高 TAM 的通用范围。

2.2.4　创新扩散理论

IDT 由 Rogers 在 1962 年提出，它是一个关于人们接受新观念、新事物和新产品等创新的理论，在一定程度上为人类社会中所出现的新产品、新技术的普及提供理论解释。Rogers（1962）将创新扩散定义为：创新在一段时间内，经过一定的渠道，在社会系统的各种成员间进行沟通和传播，进而被采纳和接受的过程。在这里，我们还需要区分创新采纳和创新扩散是两个不同的概念：创新采纳重点在于个体用户做出采纳或拒绝一项创新的决策过程，是微观上的、个体层面的研究；创新扩散则关注创新从上市到推广给大众的传播过程，是宏观上的、整体层面上的研究（Sehiffinan and Kanukj，1994）。

从 20 世纪末开始，IDT 就被用来描述创新决策过程。IDT 认为，一项创新成果出现之后，会经历创新的决策过程，即个体或其他决策主体知道一项创新成果后，决定接受、使用或拒绝该成果的过程。Rogers 在不同年份对该模型进行了完善，并提出了广为采纳的创新决策模式，也就是创新在普及过程中的个体在各阶段的决策行为表现（图 2-4）。在这一模式中，用户个体对创新做出决策的过程可描述为五个阶段，即认知、说服、决定、实施和确认的过程。这五个阶段的具体含义如下。

（1）认知：当个人遇到创新的相关知识并且知道其是如何发挥作用的时候，关于创新的认知便得以产生。

（2）说服：当个人形成关于创新的喜好或者是厌恶的态度时，创新过程中的说服便得以产生。

（3）决定：当个人热衷于接受或拒绝创新活动时，创新过程中的决策便得以产生。

（4）实施：当个人实际使用创新的时候，创新决策便开始执行。

（5）确认：当个人有强烈的意愿了解更多信息或者在面临同样问题时继续保持以前的决策时，创新决策的核实活动便得以产生。

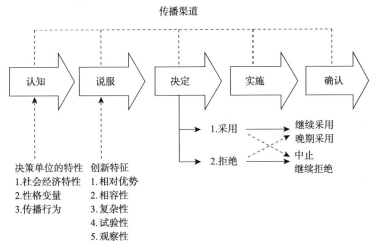

图 2-4 创新–决策过程中各阶段的模式

创新的扩散是在社会系统成员之间传播的过程，是用户个体对创新做出决策的过程，创新的扩散主要包括四个关键元素，即创新、传播途径、时间和社会系统。

（1）创新。

Rogers 认为创新是采纳个体或组织所认定的一个全新的方法、实践或事物。创新本身的特征：相对优势、兼容性、复杂性、可试验性和可观察性，会影响创新被公众采纳并使用的速度。相对优势是指创新内容相对于未创新内容所具有的优势，通常采用经济效益、有效性来表示，也可以描述为社会认可度等。兼容性主要是指创新与现有价值观、既往经验以及接受者实际需求等要素的一致程度。当创新与潜在接受者的价值观、生活信念、既往经历及需求结构相适应时，就容易被迅速接受。复杂性主要是指个体对创新接受的难易程度，是潜在使用者接受创新的障碍。一项创新能轻松地被个体理解，则个体能迅速地使用该创新；反之，该创新较为复杂、不易被理解时，就会阻碍个体的接受行为。可试验性是指创新能够在某种情境下被试验的程度，当创新可以被试验和小规模使用时，个体接受创新的可能性就会增大。可观察性是指创新的效果能被个体观察的程度，创新的使用效果被个体所知，会影响个体对创新的使用意愿。

（2）传播途径。

创新扩散过程可视为一种关于新思想或新事物的特殊传播形式，所以传播渠道的概念在 IDT 中尤为重要。Rogers 提出了两种形式的传播渠道，一种是大众传媒渠道，包括广播、电视和报纸等；另一种是人际渠道，包括个人、团体或组织等。通常大众传媒渠道是用户获取创新内容的关键途径，其包含的信息内容更为丰富，但更能影响用户决策的却是人际渠道，这主要是因为人际关系中的说服作用在用户做出是否持续接受创新的决策时表现得尤为明显。因此，创新在扩散普及时，要发挥大众传媒与人际渠道两种方式的组合优势，先是通过大众传媒让用户快速了解创新内容，再利用人际传播中口碑效应说服用户接受创新。例如，在政府网站的创新扩散中，网站会提供公众所需求的信息，这些信息的价值会影响公众是否接受该服务方式。同时，公众对政府网站的使用还受到人际关系的影响，当身边的人都认为该网站很重要，都接受该种服务方式的时候，公众会感受到人际压力而对政府网站表现出持续使用意向。

（3）时间。

Rogers 对创新扩散的过程进行观察后，总结了创新扩散的基本规律、影响因素和扩散过程。随着创新在社会系统中的扩散，接受创新的人数会在时间的推进中呈现出 S 形的增长特征（图 2-5）。

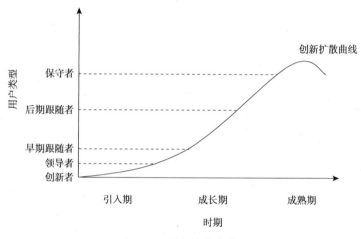

图 2-5　创新扩散曲线

从创新扩散的 S 形曲线可看出，创新扩散在不同阶段的扩散速度有所不同。在创新出现初期，个体或组织对创新的熟悉状况欠佳与接受意图较低，促使创新扩散的过程较为缓慢，因此，这一阶段的创新接受者往往是愿意尝试新事物的用户，即创新者和领导者。随后，当创新的接受者突破相应的临界比例时，扩散速度加快，创新进入成长期，此时大部分的人或组织都开始接受创新。最后，个人或组织对创新的接受达到饱和点，扩散速度慢下来，创新进入成熟期，因而此时的接受者主要是一些保守者。由此可以看出，一项创新的推广应针对不同的时间阶段以及创新者、领导者、早期跟随者、后期跟随者、保守者等接受者的不同特质采取不同的推广手段，促使社会系统中更多的人采纳创新。

（4）社会系统。

社会系统是指面临共同问题、有着共同目标并相互联系的一类单位。创新刚出现时不被多数人所知，因此社会系统对创新扩散的影响力有限。随着时间的推进，创新被越来越多的个体熟悉，这些有着共同兴趣爱好的个体会形成社会系统中的社会群体，进而影响到其他个体。除此之外，社会系统中经济、政治、文化和生活环境等因素也会影响创新在系统中的扩散速度。

总之，IDT 一直以来被广泛应用于信息技术与服务创新的研究，涉及信息技术与服务创新的普及和扩散问题。IDT 有助于识别个体接受并使用信息技术与服务的有利与不利因素，因此 IDT 已作为政府电子服务创新研究的重要理论来源。

2.2.5　网络外部性理论

网络效应是指使用者从产品或服务中得到的效用或价值，那些导致网络效应的因素被称为网络外部性，而具有网络效应的产品或服务则被称为网络产品，这种产品的特点在于其单位价值会随着售卖或使用数量的增加而增加（喻国明等，2009）。Rohlfs（1974）最先对网络外部性问题进行系统研究，他发现用户在通信服务中所获得的效用，会随着该种服务方式接受者数量的增加而增加。Katz 和 Shapiro（1985）认为消费者从产品或服务中获得的效用并不一定体现在产品或服务本身，有可能是由该种产品或服务的用户数量的增加量所决定的。

因此，网络外部性是指当消费同样产品的其他使用者数量增加时，单个使用者从消费该产品中获得的效用会随之增加。网络外部性可以分为直接网络外部性与间接网络外部性两种类型：直接网络外部性是指由于产品或服务的使用者人数增加而给已有用户带来的价值增量，它来自需求方，可以进一步细分为使用者数量和同伴数量，其中同伴数量指的是用户亲朋好友也在使用该产品或服务的数量。间接网络外部性则是从互补品角度考虑，是指由于产品或服务的互补品数量增加而给已有用户带来的价值增量，它来自供应方。

在信息技术网络外部性研究的过程中，学者们进一步将网络外部性概念化和操作化为不同的类型：一是二维结构，即感知网络规模和感知互补性；二是三维结构，即感知成员数量、感知同辈数量和感知互补性；三是四维结构，即感知网络规模、感知外部声誉、感知互补性和感知兼容性（孟宇星，2013）。不过，上述类型划分大部分可概括为直接网络外部性和间接网络外部性。感知网络规模、感知成员数量、感知同辈数量和感知外部声誉均属于直接网络外部性，而感知互补性和感知兼容性则可视为间接网络外部性。由此可以发现，相对特别的是感知外部声誉，即用户想要了解他人对某产品或服务的主观评价，表示用户对某产品或服务效用价值的评判，会受到该产品或服务声誉的影响。

Lou 等（2001）认为信息技术与服务价值的接受需要用户广泛参与从而形成一

种集体行为的意识，如果使用某种技术与服务的用户很少，则很少有人愿意去选择使用该方式。Shapiro 和 Varian（1998）认为人们在使用信息技术时的安全感知将会随着用户数量的增长而提高。从电子政务服务来看，网络外部性取决于政府的职能作用，如网上信息公开、咨询服务和社区管理与服务等。如果政府提供的职能方式越多，则使用政府电子服务的人越多，电子政务整体就会受益，而随着电子政务服务价值的提升，公众使用该服务方式的价值也会增加。

网络外部性不仅会影响使用者对有用性的感知，也会影响使用者的持续使用意向。用户对信息系统的持续使用意愿在很大程度上受到他所处的社交网络中其他用户的影响。例如，政府网站提供的网上咨询服务是网站的基本功能，如果愿意提供咨询服务的政府部门越多，公众的各种问题咨询的解答在网上一目了然，公众就能获得更多有价值的信息和反馈结果；而随着咨询和提问的公众数量增加，政府部门会觉得自身提供的咨询服务很具有实用价值，同时，公众也会因为大多数人从事该项行为而觉得自己享有咨询服务的效用提升。对政府网站提供者而言，政府需要考虑网站使用人员周边的环境及其与他人的相互作用。如果有越来越多的人继续使用并利用好政府网站，政府网站被持续使用次数越多，那么用户很有可能会继续停留在该服务中以满足更多的自身需求，这样一来，政府网站的价值将发挥到最大值。

2.2.6　基于期望确认理论的信息系统持续使用模型

（1）期望确认理论。

ECT 是由美国学者 Oliver 提出的关于用户满意度的基本理论。该理论认为消费者持续使用某种产品的意愿是由使用后形成的满意度决定的，而满意度由期望和期望确认程度共同决定。期望–确认是指用户在使用产品前的预期和使用后得到确认的程度。该理论中的期望与确认为反向作用关系，如果期望值过高，实际效果未达到预期，则降低确认度，并影响满意度；期望值较低，实际效果超过预期，则提高确认度，相应也提高了满意度。可以说，期望确认度越高，用户认为产品越有用，对产品就越满意，从而形成持续使用意愿（Oliver，1980）。

Churchill 和 Surprenant（1982）对 ECT 做了进一步的扩充，形成了广为流行的期望确认模型（expecation confirmation model，ECM）（图 2-6）。该模型的主要观点是，消费者通过产品购买前的期望和使用过程中的绩效表现对比来形成满意度，如果绩效超过预期，那么满意度较高，反之满意度较低，并且该模型中使用产品前的期望，会决定使用后的感知绩效和期望确认度，同时感知绩效会正向作用于期望确认程度和满意度两个变量，期望确认程度也会正向作用于满意度。总之，所有变量综合作用于满意度，满意度可以用来预判重复购买意愿。

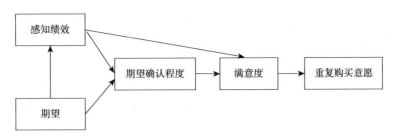

图 2-6　期望确认模型

资料来源：Churchill和Surprenant（1982）

（2）信息系统持续使用模型。

Bhattacherjee 是较早用 ECT 来研究信息系统用户持续使用行为的学者之一，他突破了信息系统初始采纳研究的理论框架，引入 ECM，构建了全新的 ECM-ISC（图 2-7）。他把网上银行持续使用作为研究对象，通过实证研究，验证了模型科学有效，这为信息系统持续使用的研究提供了新的思路。Bhattacherjee（2001）认为信息系统用户的持续使用行为与消费者的重复购买行为有着类似的心理认知过程。他认为，期望确认是影响用户感知有用性和满意度的重要变量，同时期望确认和感知有用性共同作用于用户满意度，最后感知有用性和满意度又对持续使用具有直接影响效力。

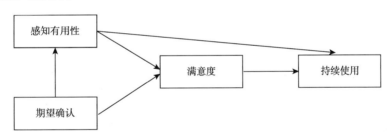

图 2-7　信息系统持续使用模型

资料来源：Bhattacherjee（2001）

总体上看，期望确认对用户意愿确实存在影响，ECM-ISC 能够有效地评测用户持续使用意愿，因此该模型被陆续应用于信息系统用户持续使用意愿研究中。ECM-ISC 认为用户是以技术或信息系统使用前的期望与使用后的真正效果比较来判断自己的行为选择的。用户在每次做出后续持续使用的决策时，总会对其使用的真实经历与原始期望做出评判，以此来发现两者之间的匹配程度，这种互相匹配的程度就是期望确认度。期望确认度与用户满意度是正向影响的关系，用户对技术的期望确认度越高，其认为该技术越有用，对技术的使用也就越感到满意，从而形成继续使用的意愿。

依据 ECM-ISC，我们可以假设，公众在使用政府网站之前，会对政府网站产生功能或效果上的初始期望，即公众会依据政府网站或电子政务服务的表现产生事前期望。在实际使用后会对政府网站效用产生一个经验性的感知认识并对网站进行评价，将所获得的真实感受与事前期望进行比较，从而得到确认程度，即当效用超过期望时，产生正面不确认；当效用等于期望时，产生确认；若效用低于期望时，则产生负面不确认。随后，确认程度将影响公众对政府网站的满意程度，进而影响是否愿意继续使用该服务。

2.2.7　信息系统成功模型

1992 年美国学者 DeLone 和 McLean 在分析了 180 篇信息系统成功测量研究的基础上，提出了 D&M（图 2-8），并指出信息系统成功的六个维度，即系统质量、信息质量、系统使用、用户满意、个人影响和组织影响（DeLone and McLean，1992）。

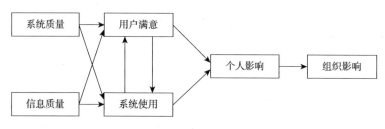

图 2-8　信息系统成功模型

资料来源：DeLone和McLean（1992）

这一模型把信息系统成功视为一个具有时间和因果关系的过程。在系统实施过程中，信息系统的特性体现为系统质量和信息质量，其中系统质量反映信息系统自身的质量；信息质量则反映信息产品的质量。用户通过使用信息系统感受到相应的特性，并判断是否对系统满意，因此，系统质量和信息质量是信息系统能否取得成功的关键因素。系统使用和用户满意之间是相互影响的，这种影响可能是正面的，也可能是负面的，并且系统使用和用户满意都会受到系统质量、信息质量的共同影响。除此之外，D&M 是由多维变量共同起作用的，个人影响与组织影响也是其中的不同维度。

此后，DeLone 和 McLean 对 D&M 进行了改进，加入了服务质量维度，从而构建了更完整的信息系统成功评估模型（图 2-9）。DeLone 和 McLean（2003）认为信息系统所提供的服务也是影响用户满意度的重要因素，因此，他们将原来的个人影响和组织影响合并为净收益，而把满意度作为衡量一个信息系统是否成功的重要指标。

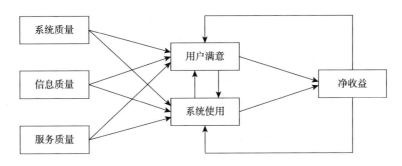

图 2-9　信息系统成功模型

资料来源：DeLone和McLean（2003）

　　在信息系统领域，信息系统成功评价的研究对用户使用意愿的形成和结果具有重要的引领作用，因而，学者们运用 D&M 对用户持续使用意愿进行了大量研究，分别用不同的指标来测量这三个变量，对用户持续使用过程中感受到的信息系统的特性（信息质量、系统质量、服务质量）进行评价，并对系统的使用是否满意进行判断，继而提出了影响用户使用意愿的多个外部变量及其中介变量。Lee 和 Chung（2009）针对移动银行构建出关于信任与满意的前因模型，探究了系统质量、信息质量和界面设计质量对消费者信任与满意度的影响，研究结果显示系统质量和信息质量对消费者的信任和满意度具有显著影响，而界面设计质量不具有显著影响。胡莹（2013）将 D&M 中的信息质量、系统质量、服务质量等变量引入 ECM-ISC 中，证明了信息质量、系统质量和服务质量等因素对移动微博的用户满意度具有影响作用。目前，在政府网站持续使用意向研究中，鲜有学者引入 D&M，这也为本书的政府网站持续使用意向研究提供了思路。

2.2.8　信任理论

　　信任的研究原本属于社会学和心理学的范畴，但从 19 世纪末到 21 世纪初，信任的概念在哲学、经济学、政治学、管理学等研究领域已经得到越来越多的承认。心理学中的信任是一种关于个性的感知，信任被视为一种与期待、预期和信念相关的人类心理状态；社会学中的信任被视为社会关系中最重要的综合力量之一，是一种与人们合作、竞争活动密切相关的现象；管理学学者发现信任是企业在不确定竞争中的一种管理资本；经济学学者主要从博弈论和信息不对称的角度去看待信任，认为交易双方在达成共识之前会产生肯定预期。目前，信任研究的跨学科性、抽象性、复杂性，使其并没有形成一个完整且统一的概念。不同学科视角下的信任的含义各有侧重点，但归纳起来能达成基本共识。信任被视为一种发生在人与人之间（个体与个体）、群体之间（家庭、共同体和组织）或人际与非人际之间的依赖关系，表现为信托人在自愿地或被强制地放弃对受托人控制的前提下愿意信赖并托付受托人的行动；表现为信托人对受托人的信赖和托付是在不确定的、复杂的及具有风险的条件下发生的（周怡，2013）。

一方面，国外学者霍斯莫尔对信任的定义是：个人在始料未及的情景下，基于预期的损失与收益，而做出的非理性选择行为（梁克，2002）。国内学者郑也夫（2001）提出，信任是一种态度，即相信某人的行为或周围的秩序符合自己的愿望。Whitener 等（1998）提出信任主要包含三层含义：一是信任反映了信任主体预期或确信信任客体的行为是出于良好的意愿；二是信任主体不能强制要求信任客体执行某种行为；三是信任主体的行为结果取决于信任客体的表现。Zucker（1986）基于信任双方的三个维度来探讨信任：一是依据个人特征产生的信任，如家庭背景、职位等相似特征；二是由于时间跨度产生的信任，即由既往的经验或常有的交易累积形成的信任；三是由于制度区别产生的信任，如多样性的社会结构、社会环境等。Ganesan（1994）将信任分为两个方面，即可靠性和善意性，可靠性和善意性都是用来测量认知和情感信任的。因此，本书综合学者们的定义，认为信任具有以下特征：①风险性或不确定性。信任以他人预期判断为先导，存在信息上的不对称进而充满不确定性，由此展现相应的风险特征。②社会性。信任是衡量人与人之间如何相处的一种社会现象，体现了一种社会交往关系，其中有施信者和被信任者的社会属性区分。③主观性。信任是社会制度或文化规范主观建构的产物，信任者双方的个体特征、过去经验及社会环境的不同，都能促使信任产生不一样的效果。

另一方面，学者们在信任的分类上大多遵循卢曼的社会系统理论，将信任分为人际信任与系统信任。人际信任表达人与人之间的信任关系；系统信任则体现人对群体、机构组织或制度的信任，也包括非人际的群际信任和组织信任。而在近些年的研究中，有学者以人际亲疏关系为测量基础，将卢曼提出的人际信任进一步划分为基于熟人关系的"特殊信任"以及超越熟人关系而面向一般社会成员的"一般信任"。同时，在政治学有关国家与社会的理论架构中还存在政治信任与社会信任之分。政治信任关注公民对较为宏观的政府组织、政府政策、政府制度及政治领袖的信赖、托付和判断，社会信任则指较为微观的、在公民参与和互动中发生的人际信任或社会资本。除此之外，一些学者跳出国家-社会领域，在广义上将一切发生在社会层面而非个体层面的信任统称社会信任，并在系统信任的内涵里衍生出制度信任，表示人对政策、制度等规范体系所持有的信任（周怡，2013）。

通过信任的定义及分类可以发现，信任在人们接受新技术的过程中扮演着非常重要的角色，无论是在使用初期还是在持续使用期间，信任都作为潜在变量影响使用者的使用意愿。近年来，在信息技术持续使用研究中，学者们越来越重视引入信任因素，一方面是应对新技术的出现带来的信任问题；另一方面在不确定性及高风险的环境下，去探究信任对用户持续使用意愿的影响力。在政府网站持续使用意向中，信任可被看做对新技术的信心、信念、期望方面的正向心理状态，是对网站使用效果的一种期待。在对政府网站的信任进行归类时，可以将信任视为一种多属性类型，但更多的是政府信任，又称政治信任。这里的政府信任可以认为是公众对政府提供网站服务的一种合理期待，并且公众期待政府这一行为能代表公共利益，给用户一种抛开风险的使用环境。在政府网站的持续使用过程中，使用者将自身置于使用时可能受到侵害的位置，使用者愿意承担的潜在风险是信任带来的可能风险，这相当于使用者对政府网站的信任度越高，就越会使用政府网站（刘超，2014）。

2.2.9 社会认知理论

一直以来，有众多学者沿袭了主观建构的思想，从社会认知的整体过程去探索个人行为发生的原因，其中就包括 SCT。Bandura（1986）提出的 SCT 是由社会学习理论与行为主义理论融合而来的，重点关注人的主观意识，认为人的社会动机和社会态度等社会行为都取决于社会认知。该理论为人们理解自身与他人的行为提供了很好的解释框架，旨在引导人们在完成某种任务时管理自己的行为，即在人们开始重视自身与他人的行为及结果之后，将会总结自身既往的经历并形成一定的经验来看待特定行为的发生，这将会更好地指导自己接下来的行为。

SCT 改变了以往静态的研究视角，把认知视为动态、整体的过程。该理论认为社会认知的影响因素是多维度且多变的，主要受个人因素、行为因素和社会环境的共同影响（图 2-10）。在这里，个人因素主要是指行为主体所具有的信念、态度、情绪等特征；行为因素主要是指个体在完成某种行为之后所得到的结果；社会环境是指影响个人行为发挥特有效果的客观条件。总之，社会认知与个人的态度及行为紧密相关，倘若要使个人的态度及行为发生转变，可以通过社会情景、认知对象及个人特征的变化来促使原有的认知发生改变。

如图 2-10 所示，SCT 主要展现了个人因素、行为因素和社会环境之间的交互作用，即三元交互决定论。SCT 强调从整体上看待个人的心理与行为结果，在不断发展中衍生出诸多核心概念，其中包含自我效能感与结果期望两个关键概念。

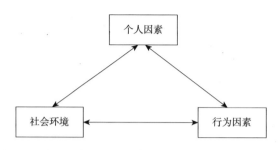

图 2-10　个人因素、行为因素和社会环境之间的交互作用

（1）自我效能感。

自我效能感是指行为主体在实现一系列既定目标的过程中，对执行这些行动的自身能力的评价。它着眼于完成任务过程中的能力判断，不看重行为主体所掌握的技能。自我效能感展现了三个基本特征：自我效能感会依照新经验、新信息不断变化；自我效能感涵盖了行为主体、他人及特定任务等信息；自我效能感展现了动机成分。

（2）结果期望。

结果期望是指行为主体对自己完成该项任务带来的可能性结果的判断。依据Bandura（1997）的观点，结果期望包含三种主要形式：生理结果、社会结果和自我评估结果。不同形式的结果可以对个人行为进行调节，即正向的结果预期会促进个体行为的发挥；反向的结果预期会阻碍个体行为的发挥。由此可见，行为主体选择某项行为的动机大小不仅取决于个人对自身能力的感知，还取决于个人对行为结果的预期。

2.2.10　整合型技术接受模型

学术界有许多经典的模型被用来研究信息技术接受问题，每个模型各有特色且有其不同的适用情境。目前，比较受学术界认同的理论及模型有任务–技术匹配模型（task-technology fit，TTF）、IDT、TRA、TPB、动机模型、复合 TAM 与TPB 模型（combined TAM and TPB，C-TAM-TPB）、PC 利用模型（model of PC utilization，MPCU）及 SCT 等。由于技术接受问题研究的综合性和理论模型提出者的自身局限性，已有理论及模型还不具有涵盖所有或大部分的解释变量的能力。同时，使用者的行为选择具有不稳定性，已有理论及模型不一定能适应所要解释的行为与意愿。因此，Venkatesh 等综合了八个经典的关于技术接受的研究理论及模型，并对其中一些变量做出调整，提出了 UTAUT，如图 2-11 所示。该模型将几个模型中的变量进行融合并改变原有的作用方式，一方面将绩效期望（performance expectancy，PE）、努力期望（effort expectancy，EE）、社会影响

（social influence，SI）和便利条件（facilitating conditions，FC）作为四个主要变量；另一方面将使用者的性别、年龄、经验和自愿性作为调节变量。随后 Venkatesh 等依据 UTAUT 模型收集了样本数据并进行实证研究，将研究结果与 UTAUT 模型的参考模型对比研究，发现参考模型对使用行为的解释力为 17%~53%，而 UTAUT 对使用行为的解释力达到 70%，这说明 UTAUT 模型比传统的理论模型更具解释力（Venkatesh et al.，2003）。

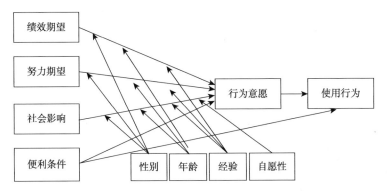

图 2-11　整合型技术接受模型

资料来源：Venkatesh等（2003）

如图 2-11 所示，UTAUT 中四个主要变量的含义如下：

（1）绩效期望：技术使用者感觉其使用行为对工作绩效的帮助程度。

（2）努力期望：技术使用者感觉其使用行为所需要付出的努力程度。

（3）社会影响：个人所感受到的身边其他人对该使用行为的支持力度。

（4）便利条件：个人认为现有的部分客观条件对使用行为的便利程度。

2.3　本章小结

首先，本章对政府网站和政府网站持续使用意向进行概念界定，其中，政府网站是指各级政府及部门通过现代信息网络技术搭建起的跨部门、多层次的综合性业务应用系统，目的是使公众、企业与政府内部人员都能有效利用政府网站提供的政务信息、业务应用和个性化服务；政府网站的持续使用意向是指政府网站用户在初次使用政府网站后，呈现出继续使用政府网站的主观意向。其次，梳理出电子政务采纳研究的相关理论基础，包括理性行为理论、TPB、TAM、IDT、网络外部性理论、ECM-ISC、D&M、信任理论、UTAUT、SCT 等，并对上述理论或模型进行详细的介绍。

第3章 电子政务公众使用研究
文献综述

随着信息技术的发展和政府行政管理体制的改革,电子政务已成为政府部门为公众提供信息发布、在线交流及网上办理事务等公共服务的重要手段,其目的在于提高政府办事效率,满足用户需求,更好地为公众服务。近年来,电子政务的建设与发展已逐渐成为引领各国社会变革的热点和焦点,一时间电子政务也成了学者们研究的"新宠儿",大量有关电子政务的研究层出不穷,但多数集中在系统设计与实施、发展战略规划、流程和技术更新等方面,对公众使用方面的研究还较为有限。随着研究的深入,学者们开始意识到,电子政务潜在价值的实现在很大程度上取决于公众的使用率,提高公众的使用率是电子政务成功的基础。此外,电子政务属于信息系统的一类,电子政务公众使用包括电子政务的初始采纳与电子政务的持续使用,其中初始采纳可以说是使用行为的第一步,而用户的持续使用才是电子政务成功发展的关键,也是目前政府部门推广政府网站所面临的最大挑战。因此,大量学者开始展开电子政务公众使用问题的研究,试图探索电子政务成功发展之路。由此,为了更好地把握已有研究的现状,本章运用信息计量学方法——知识图谱分析法和文献分析法对国内外有关电子政务公众使用研究文献的年度发文情况、核心作者、学科分布、研究主题及趋势、研究方法和理论基础等进行详细的统计分析,从不同层面和角度展示国内外电子政务公众使用研究现状和趋势,识别该研究领域的核心力量,准确把握该领域的研究前沿和代表性成果,为保证后续研究的前瞻性和客观性提供参考。

3.1 文献数据来源及研究工具

3.1.1 文献数据来源

信息计量学统计与分析数据来源的准确性与全面性决定着文献综述的最终质

量，而检索数据库与关键词（keywords）的选取又影响着数据的准确性与全面性。因此，为了能够准确地梳理国内外电子政务公众使用研究，需要选取权威且全面的数据库和贴切的关键词。信息计量学的三大经典定律之———布拉德福文献离散定律曾指出大部分关键文献集中于核心文献之中，因此，为了能够准确地梳理国内外电子政务公众使用研究，本书选取国内最大的中文数据库 CNKI 中的硕博学位论文、中文核心期刊与 CSSCI 期刊以及国外覆盖面最广的 WOS 数据库中的核心集作为文献分析来源。此外，本书的研究主题是政府网站公众持续使用意向，为了保证梳理的准确性与全面性，在关键词选取方面基于以下两个原因：①政府网站是电子政务的核心，而在早期研究中多数学者几乎将政府网站与电子政务画等号。此外，政府网站属于电子政务的重要组成部分，因此，电子政务公众使用研究的梳理对政府网站公众使用研究具有非常重要的参考价值。②本书的研究重点是公众持续使用意向，然而许多研究常把电子政务公众初始采纳研究中用到的经典理论或模型运用到公众持续使用的研究中，研究证实公众初始采纳的部分影响因素对持续使用的影响也是显著的。此外，初始采纳同持续使用的研究方式与思路也有诸多类似之处，公众初始采纳研究文献的梳理对持续使用研究也具有十分重要的指导作用。因此，为了保证梳理文献的全面性与准确性，本章对电子政务公众使用的研究文献进行梳理，选取电子政务（政府网站）与持续使用（采纳、接受）组成的六对关键词进行检索，获取最初的分析文献数据，之后再借助 CiteSpace 软件辅助分析。

1. 国内文献数据来源

为了保证分析文献的质量和可信度，本章分析的国内文献数据来源于 CNKI 中的硕博学位论文和中文核心期刊与 CSSCI 期刊收录的文献。CNKI 是目前全球信息量最大、最具价值的中文网站，其所包含的内容数量多于目前全世界所有中文网页内容的数量总和。同时，CNKI 的文献是经过深度加工、编辑、整合，并以数据库形式进行有序管理的，所刊文献都有明确的来源，如期刊杂志、报纸、硕博学位论文、会议论文、图书、专利等，其包含的文献量大且可信可靠，尤其是 CNKI 中的中文核心期刊与 CSSCI 所刊登的文献权威性较高、学术性较强，以此获取文献的准确性与科学性更高。基于此，本书通过 CNKI 的高级检索，设置主题="政府网站+采纳"，或主题="政府网站+接受"，或主题="政府网站+持续使用"，或主题="电子政务+采纳"，或主题="电子政务+接受"，或主题="电子政务+持续使用"，来源类别选择核心期刊和 CSSCI，时间截止到 2016 年 9 月30 日。共检索到期刊文献 102 篇（图 3-1），经过人工逐一阅读筛选，剔除与主题不相关和重复类文献，获得电子政务公众使用相关研究文献 68 篇。其中有关电子政务公众持续使用的研究文献 13 篇（图 3-2）。

此外，为了保证文献分析数据的全面性与准确性，本书还将相关的硕博学位论

输入检索条件：

| ⊞ ⊟ | （主题 ∨ | 政府网站 | 词频 ∨ | 并含 ∨ | 持续使用 | 词频 ∨ | 精确 ∨ | ） |

| 或者 ∨ | （主题 ∨ | 政府网站 | 词频 ∨ | 并含 ∨ | 接受 | 词频 ∨ | 精确 ∨ | ） |

| 或者 ∨ | （主题 ∨ | 政府网站 | 词频 ∨ | 并含 ∨ | 采纳 | 词频 ∨ | 精确 ∨ | ） |

| 或者 ∨ | （主题 ∨ | 电子政务 | 词频 ∨ | 并含 ∨ | 持续使用 | 词频 ∨ | 精确 ∨ | ） |

| 或者 ∨ | （主题 ∨ | 电子政务 | 词频 ∨ | 并含 ∨ | 接受 | 词频 ∨ | 精确 ∨ | ） |

| 或者 ∨ | （主题 ∨ | 电子政务 | 词频 ∨ | 并含 ∨ | 采纳 | 词频 ∨ | 精确 ∨ | ） |

从 不限 年到 不限 年　指定期：请输入　更新时间：不限

来源期刊：输入期刊名称，ISSN, CN均可　模糊 ∨ ···

来源类别：□ 全部期刊 □ SCI来源期刊 □ EI来源期刊 □ 核心期刊 ☑ CSSCI

支持基金：输入基金名称　模糊 ∨ ···

⊞ ⊟ 作者 ∨ 输入作者姓名　精确 ∨ 作者单位：输入作者单位，全称、简称、曾用名 模糊 ∨

□ 仅限优先出版论文 □ 中英文扩展检索　　**检索**　结果中检索

分组浏览：学科　发表年度　基金　研究层次　作者　机构　　　免费订阅　定制检索式

2016(8)　2015(16)　2014(9)　2013(8)　2012(17)　2011(13)　2010(8)　2009(7)　2008(7)　2007(1)　　×
2006(5)　2003(1)　2002(2)

排序：主题排序↓　发表时间　被引　下载　　　　切换到摘要　每页显示：10 20 **50**

102 ⟩ 清除　导出/参考文献　分析/阅读　　　找到 102 条结果　浏览1/3 下一页

图 3-1　CNKI 政府网站公众使用引文检索界面

| 检索 | 高级检索 | 专业检索 | 作者发文检索 | 科研基金检索 | 句子检索 | 来源期刊检索 |

输入检索条件：

| ⊞ ⊟ | （主题 ▼ | 政府网站 | 词频 ▼ | 并含 ▼ | 持续使用 | 词频 ▼ | 精确 ▼ | ） |

| 或者 ▼ | （主题 ▼ | 电子政务 | 词频 ▼ | 并含 ▼ | 持续使用 | 词频 ▼ | 精确 ▼ | ） |

从 不限 ▼ 年到 不限 ▼ 年　指定期：请输入　更新时间：不限 ▼

来源期刊：输入期刊名称，ISSN, CN均可　模糊 ▼ ···

来源类别：□ 全部期刊 □ SCI来源期刊 □ EI来源期刊 ☑ 核心期刊 ☑ CSSCI

支持基金：输入基金名称　模糊 ▼ ···

⊞ ⊟ 作者 ▼ 输入作者姓名　精确 ▼ 作者单位：输入作者单位，全称、简称、曾用名 模糊 ▼

□ 仅限优先出版论文 □ 中英文扩展检索　　**检索**　结果中检索

分组浏览：学科　发表年度　基金　研究层次　作者　机构　　　免费订阅　定制检索式

2016(4)　2015(1)　2014(1)　2013(2)　2012(1)　2011(3)　2010(1)　　×

排序：主题排序↓　发表时间　被引　下载　　　　切换到列表　每页显示：10 20 **50**

□ (0) 清除　导出/参考文献　分析/阅读　　　找到 13 条结果

图 3-2　CNKI 政府网站公众持续使用引文检索界面

文纳入分析资料中。按照与期刊论文类似的检索方式，选择硕博学位论文高级检索界面，输入主题＝"政府网站＋采纳"，或主题＝"政府网站＋接受"，或主题＝"政府网站＋持续使用"，或主题＝"电子政务＋采纳"，或主题＝"电子政务＋接受"，或主题＝"电子政务＋持续使用"，检索获得硕博学位论文 250 篇（图 3-3），经过逐一阅读筛选，剔除与主题不相关和重复类硕博学位论文后，剩余符合研究主题要求的硕博学位论文 38 篇，其中有关政府网站公众持续使用的硕博学位论文 8 篇。

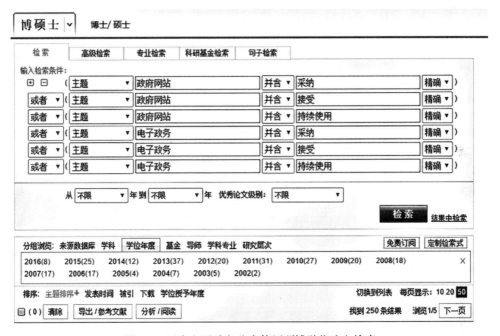

图 3-3　国内电子政务公众使用硕博学位论文检索

通过 CNKI 期刊论文和硕博学位论文检索，获得符合主题要求的期刊文献 68 篇、硕博学位论文 38 篇，共计 106 篇，其中公众持续使用行为研究文献 19 篇（期刊文献 11 篇，硕博学位论文 8 篇），占总数的 17.9%。由此可以看出，国内对电子政务公众使用行为的研究还处于起步阶段，研究文献总量较少，而且多数研究都集中在初始采纳层面，对公众持续使用行为的研究甚少。本书则是基于电子政务公众持续使用意向研究的重要性和缺乏性而对其展开深入的探讨，以期为提高国内电子政务公众持续使用率、实现电子政务价值、推动电子政务发展"出谋划策"。最后，通过 CNKI 的导出功能选择 Refworks，将所有满足条件的检索文献保存为纯文本格式数据，并命名为"Download_中文.txt"，存入指定 input 文件夹待用（图 3-4）。

2. 国外文献数据来源

阅读文献发现，国外电子政务公众使用行为研究早于国内，研究领域、研究

图 3-4　CNKI 文献导出界面

方法、研究视角等都领先于国内，国内研究多数是在国外经典理论或模型的基础上进行修正与拓展。因此，通过梳理国外相关研究文献，了解国外电子政务公众使用行为研究现状和趋势等将对国内研究提供更多的借鉴和帮助。本书所研究的国外电子政务公众使用的分析文献均来自 WOS 数据库。WOS 是美国 Thomson Scientific（汤姆森科技信息集团）基于 Web 开发的大型综合性与多学科性的核心期刊引文索引数据库，以 ISI Web of Knowledge 作为检索平台。该平台主要包括三大引文数据库：科学引文索引（Science Citation Index，SCI）、社会科学引文索引（Social Sciences Citation Index，SSCI）和艺术与人文科学引文索引（Arts and Humanities Citation Index，A & HCI）数据库；两个化学信息事实型数据库（化学反应，Current Chemical Reactions，CCR；化合物索引，Index Chemicus，IC）；科学引文检索扩展版（Science Citation Index Expanded，SCIE）、科技会议文献引文索引（Conference Proceedings Citation Index-Science，CPCI-S）和社会科学及人文科学会议文献引文索引（Conference Proceedings Citation Index-Social Science&- Humanalities，CPCI-SSH）数据库。通过 WOS 数据库，可以从全球享有盛名的 9 000 多种核心学术期刊中检索到各个学科当前及过去的论文信息，其数据可以追溯至 1900 年。同时，它不仅收录了核心期刊中的学术论文，还把其认为有意义的其他文章类型也收录进数据库，包括期刊中发表的信件、更正、补充等。因此，WOS 数据库是本书对国外研究文献进行梳理的数据来源首选。为了更加全面、准确地了解国外研究现状，本书在文献获取时选择了 WOS 数据库的核心集，采用高级检索方式，通过输入包含所有与电子政务公众使用行为相关的 14 组主题词进行检索：TS=（e-government AND continued use）OR TS=（e-government AND continuance usage）OR TS=（e-government AND continuance）OR TS=（e-government AND post-adoption）OR TS=（e-government

AND continuance use）OR TS=（e-government AND adoption）OR TS=（e-government AND acceptance）　OR TS=（government website AND continued use）OR TS=（government website AND continuance usage）　OR TS=（government website AND continuance）OR TS=（government website AND post-adoption）OR TS=（government website AND continuance use）OR TS=（government website AND adoption）OR TS=（government website AND acceptance），年份截止到 2016 年 9 月 30 日，共检索到 796 篇文献（图 3-5）。通过对文献逐一阅读与筛选，剔除重复以及与检索主题不相符的文献之后获得电子政务公众使用相关文献 226 篇，排除国内学者在国外期刊发表的 28 篇文献后，剩余 198 篇，其中电子政务持续使用相关文献 49 篇，占总数的 24.75%。最后，通过 WOS 数据库的保存其他文件格式功能进行设置，保存记录内容为全记录，保存格式为纯文本，并将保存数据以"Download_国外.txt"命名。具体操作如图 3-5 和图 3-6 所示。

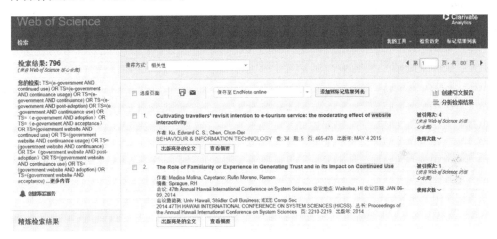

图 3-5　WOS 数据库国外政府网站公众使用引文检索界面

3.1.2　分析工具——CiteSpace 介绍①

科学知识图谱是近年来科学计量学与信息计量学等领域的一种比较新兴的研究方法，它不仅能揭示知识来源及其发展规律，还能以图形表达相关领域知识结构的关系与演进规律，其绘制的图谱主要包括引文分析、共词分析和共被引分析（张璇等，2012）。用于知识图谱分析的工具很多，包括 Bibexcel、SPSS、TDA、Ucinet、VOSviewer 和 CiteSpace 等，每款科学知识图谱分析工具都有各自的特点，其中 CiteSpace 是目前最常用的知识图谱分析软件，它是由国际著名信息可视化专

---

① 李杰，陈超美. CiteSpace：科技文本挖掘及可视化. 第 2 版. 北京：首都经济贸易大学出版社，2016.

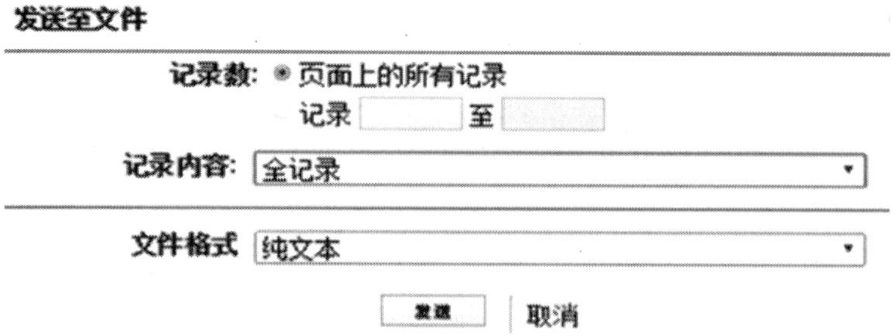

图 3-6　WOS 数据库检索文献保存界面

家、美国德雷克塞尔大学计算机与情报学学院的陈超美教授基于引文分析理论开发的信息可视化软件。该软件的使用需要利用 Java 应用程序作为平台，基于信息科学中的研究前沿与知识基础之间的时间对偶概念来绘制视图，是一种适合进行多元、分时、动态复杂网络分析的可视化知识分析工具（宋梦婷等，2015）。其分析结果主要通过图谱的形式来呈现该领域的研究"历程"，图谱中也会自动标出作为知识基础引文的节点文献和共引聚类等，以便研究者更加清晰直观地了解该领域的研究情况。随着 CiteSpace 的不断更新，它已不仅提供引文空间的挖掘，还提供其他知识单元之间（如作者、机构、国家或地区的合作）的共现分析功能。同时，CiteSpace 可分析的数据来源范围很广，WOS、CNKI、arXiv、Scopus 等常用数据库的数据都能通过该软件进行分析。不同之处，除了 WOS 和 arXiv 数据库中的文献数据不用转换外，其他数据库的数据都需要进行转换后才能进行分析。此外，CiteSpace 对分析数据文本命名也有特殊要求，文本命名需要类似于"download_XXX.txt"。

1. CiteSpace 功能简介与操作关键步骤

（1）CiteSpace 功能简介。

目前 CiteSpace 软件还在不断更新和完善中，本书采用最新版本 CiteSpace V 作为分析软件，其功能界面如图 3-7 所示。该软件具有非常强大和便利的科学知识图谱分析功能，并且已经在多个学科领域被广泛采用，如图书馆与档案管理、管理科学与工程及教育学等领域。CiteSpace 软件具有多种功能，其中最为常用的是文献共被引与耦合分析、科研合作网络分析、主题共现分析：①文献共被引是指两篇文献共同出现在第三篇施引文献的参考文献目录中，则这两篇文献形成共被引关系，通过一个文献空间数据集合进行文献共被引关系挖掘的过程就是文献的共被引分析。耦合分析则是指两篇文献共同引用的参考文献情况，即两篇文献引用了同一篇或多篇文献，则两篇文献之间就存在耦合关系，两篇文献所引用的相同参考文献数量越多，耦合度就越大，在研究主题上就越相近。作者、机构或期刊都可以进行共被引和耦合分析。②科研合作是指研究者、研究机构或研究地区为生产新的科学知识而在一起工作，形成并发表共同的研究成果。科研合作网络分析是指对文献的合作关系进行网络分析。CiteSpace 提供了三个层次的科学合作网络分析，包括作者合作网络、机构合作网络与国家/地区合作网络。通过 CiteSpace 网络分析后呈现在合作图谱中，节点的大小代表了作者、机构或者国家/地区的数量，节点之间的"连线"表示合作关系，"连线"越粗表示合作越紧密，"连线"越密表示不同学者之间、不同机构之间或不同地区之间的合作越广。③主题共现分析是指对文献研究主题进行分析，以此来研究该领域发展动向和研究热点，主要是可以通过关键词和主题共现网络进行分析。除了以上常用的三种功能外，CiteSpace 还具有网络图层的叠加分析、期刊的双图叠加分析与本文挖掘及可视化模块等高级功能（李杰和陈超美，2016）。

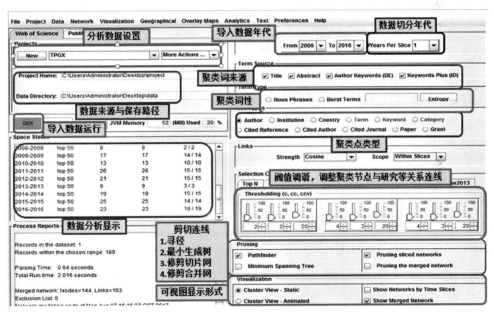

图 3-7　CiteSpace 软件功能界面

（2）CiteSpace 操作关键步骤。

CiteSpace 所具有的功能能够帮助我们通过已有的研究文献来分析该领域的研究现状与研究趋势，其实质就是一个辅助工具，要保证利用该软件得出准确的结论需要严格遵守其操作步骤，否则得出来的结果可能会存在偏差甚至错误。具体来讲，CiteSpace 分析需要遵从五个关键步骤：①数据来源。这需要运用尽可能广泛和准确的专业术语来确定所要分析的知识领域，其重点在于关键词和检索数据库的选取。②收集数据。一方面需要对检索到的文献数据进行筛选，保证所选文献数据的准确性；另一方面对满足要求的文献数据按要求保存为相应的格式或者转换成可分析的待用数据。③分析设置，功能选择。CiteSpace 功能界面显示了所有可分析的选项，研究者可以根据分析需要进行选择，主要包括文献题名（title）、摘要（abstract）、关键词和系索词（descriptor）；时区分割即 CiteSpace 分析的时间跨度，以及该时间跨度的分段长度；阈值选择，可以通过 TopN 法、TopN%和 Threshold Interpolation 法进行设置。④可视化显示与调整。CiteSpace 的分析结果是通过可视化图谱显示的，为了保证图谱的可读性，研究者可以根据需要对图谱的位置、大小、背景颜色等进行调整。⑤分析结果解读。CiteSpace 的可视化图谱是辅助研究者分析的，其最后的结果需要熟悉本领域的学者或专家结合具体的研究文献内容进行解读（李杰和陈超美，2016）。

2. CiteSpace 图谱解读要点

CiteSpace 包含的功能较多，其核心功能是众多文献生成的共被引网络图谱，也是本书利用 CiteSpace 进行文献梳理需要用到的主要功能，因此本书对共被引网络图谱进行解读，如图 3-8 所示。图谱中节点代表统计分析的文献对象（作者、机构、关键词等）出现的次数，分析的文献对象被引次数越多，节点就越大，节点内圈中的颜色及厚薄度表示不同时间段内其出现的次数。点与点之间的连线则表示被引关系，粗细表明共现的强度，颜色则对应节点第一次共现的时间，圈内颜色深浅与时间分区中的颜色相对应，时间分区中从左往右表示时间从早期到近期的时间阶段划分。研究前沿是文献中初露头角的新动向，并非已经显著的趋势，研究前沿可以通过 CiteSpace 的突现词功能分析后表征出来（李杰和陈超美，2016）。

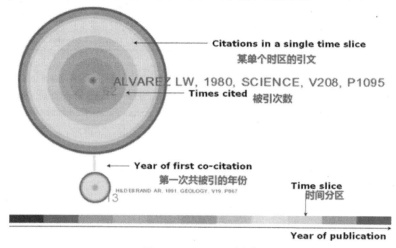

图 3-8　CiteSpace 图谱

3.2　国内研究现状及趋势分析

本节通过对国内最大的中文文献库 CNKI 进行检索，同时对搜索文献数据采用 CiteSpace V 软件绘制出国内研究作者、机构、关键词等知识图谱，以最直观、清晰、易懂的图谱方式呈现国内研究现状、热点和趋势，并结合具体文献内容加以分析说明。

3.2.1　国内研究总体情况概述

1. 文献年度分布情况

通过 CNKI 数据库检索获得符合主题要求的文献 106 篇，加上 WOS 检索中的国内学者在国外期刊发表的 28 篇文献，国内发表文献共计 134 篇，其年度分布情况如图 3-9 所示。从图 3-9 中可以看出国内对电子政务公众使用的研究起步较晚，研究成果较少，其中公众持续使用方面的研究更是寥若晨星，截止到目前共发文 22 篇（其中期刊 14 篇，硕博学位论文 8 篇）。国内对电子政务公众使用的研究始于 2006 年，先后发表过 3 篇文献：国防科学技术大学刘燕和陈英武在《系统工程》期刊上发表的《电子政务顾客满意度指数模型实证研究》中，将顾客满意度引入政府门户网站的测评中，以此来构建电子政务顾客满意度指数模型，研究顾客满意度在政府网站公众使用行为中所发挥的作用（刘燕和陈英武，2006）；哈尔滨工业大学王华在他的硕士学位论文《影响公众对政府门户网站使用意愿的因素研究》中，以 TAM、IDT 和信任等经典理论为基础，构建了影响公众对政府门户网站使用意愿的影响因素模型，并通过实证研究发现感知易用性、相容性、对网络的信任是影响公众使用政府门户网站意愿的主要影响因素（王华，2006）；浙江大学何彦在他的硕士学位论文《政府公务员 OA 系统使用意愿影响因素研究》中，以昆明市政府公务员作为实证研究对象，以 Davis 的 TAM 及 Ajzen 的 TPB 等为理论基础，对政府公务员 OA 系统（办公系统）接受行为进行了实证研究，研究发现态度、主观规范及知觉行为控制均对公务员使用意愿有显著影响（何彦，2006）。

国内对电子政务公众持续使用的研究则起源于 2007 年，重庆大学赵向异在他的硕士学位论文中以电子政府网站为研究对象，将 TAM 中的有用性感知、易用性感知与满意度结合，同时引入信任度和替代成本两个持续使用的影响因素，并通过问卷证实了网站的易用期望满意度、有用期望满意度和信任度均对使用者的持续使用意愿有影响显著，其中信任度是主要决定因素，网站的服务品质和网站品质对期望满意度影响显著，替代成本对使用者的持续使用意愿影响很小（赵向异，

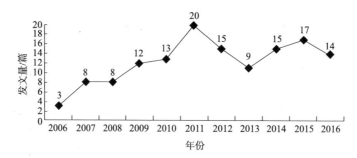

图 3-9　国内电子政务公众使用发文量年度分布

2007）。此后，学者们对电子政务公众使用的研究处于"不温不热"状态，直到2011 年"十二五"规划提出要"发挥政府的主导作用，强化社会管理和公共服务职能，建设服务型政府，提高服务型管理能力"（汪玉凯，2010），这对电子政务的发展与研究产生了巨大的影响，电子政务公众使用的研究也进入"热火朝天"阶段，发文量达到顶峰，呈现出电子政务公众使用研究领域的小"春天"。但此后学者们并未延续对它的研究"热情"，2013 年又陷入研究"低潮"。从发表论文的时间和数量上来看，国内对电子政务公众使用的研究还处在初级阶段，研究还很不稳定，波动较大。2015 年学者们对电子政务公众使用的研究"热情"开始回升，研究成果也明显增多。

从电子政务公众持续使用研究方面的文献来看，研究一直处于"低迷"状态，文献数量少，研究深度和广度都尚浅。第一篇文献发表于 2007 年，其出现要晚于电子政务公众初始采纳的研究，研究成果也很有限，其中最多的为 2016 年发表的4 篇文献，其余时间都保持每年 1~2 篇的发文量。这也表明电子政务公众持续使用方面的研究在最初几年并未引起学者们的关注，多数研究集中在电子政务初始采纳与接受研究方面。直到最近几年，学者们才逐渐认识到电子政务成败的关键在于公众的持续使用而不是公众的初始采纳，公众持续使用方面的研究也有所增加。

2. 文献学科领域分布情况

对满足条件的 134 篇文献所属学科领域进行计量统计，获得国内电子政务公众使用研究文献的学科分布，如图 3-10 所示。由图 3-10 可知，目前国内电子政务公众使用研究所涉及的学科较广，排名前三的学科分别为行政管理学、政治学与经济学。第一，行政管理学，它是目前国内电子政务使用研究的首要学科，发表论文 79 篇，占总数量的 58.96%。第二，政治学发表论文 17 篇，占总数量的 12.69%。第三，经济学发文 12 篇，占总数量的 8.96%。除此之外，新闻与传媒学、计算机技术学、图书情报学等学科也都有所涉及。整体来看，国内关注电子政务公众使用的学科很多，其中属于行政管理学、政治学与经济学的论文占比之和超过了文献总和的 80%，是国内电子政务使用研究领域中最主要的三大学科。

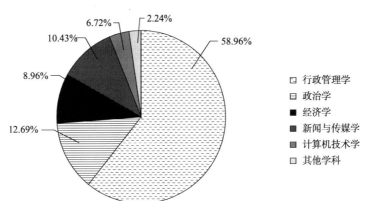

图 3-10　国内电子政务公众使用研究文献的学科分布

多学科领域的交叉研究有助于研究议题、视角和方法的多样性，促进研究内容的深入和丰富。结合电子政务公众使用涉及的三大主要学科的具体文献来看，电子政务公众使用在各个学科的研究都有各自的研究主题和特点。

第一，行政管理学领域有关电子政务公众使用方面的研究最多，是公众使用研究最核心的学科，其研究多是结合信息系统中已有的经典理论或模型来探析电子政务公众初始采纳、持续使用或使用全过程的影响因素，以此来对提高公众电子政务使用率、提升政府办公效率、提高服务水平等提出可行性建议。例如，徐峰等（2012）将技术-组织-环境（technology-organization-environment，TOE）模型和 UTAUT 相结合扩展后引入电子政务系统采纳研究之中，通过采纳外部变量和内部变量两方面来探讨电子政务发展的内生动力，从政府主体和公务员个体的角度分析电子政务系统采纳过程中的影响因子，通过实证研究验证了假设模型，并对电子政务应用实践做出现实指导。廖敏慧等（2015）在 TAM 和 IDT 的基础上，结合自我效能理论和风险感知等提出研究假设，构建模型。通过实证研究证实了相容性、有用性感知、易用性感知和网络自我效能对公众使用意向有影响，并基于此提出了提升政府网站公众接受度的改进意见。

第二，政治学领域的研究主要包括国内外电子政务公众接受存在的差异与原因，分析国内电子政务使用现状和存在的问题，给出电子政务网站建设建议。龙怡等（2010）从中美对比的角度出发，采用全球通用的互联网统计工具，采集两国省（州）级政府门户网站用户使用行为的数据，数据分析发现中美两国政府网站建设规模接近，在各自国内的网络影响力相近；不同之处在于，美国政府网站的内容更加贴合用户需求，用户具有更强的黏性。为进一步探析中美两国用户使用行为的差异，在研究中还引入了人均 GDP 进行相关分析，研究发现中美两国用户使用行为的差异与人均 GDP 的高低明显相关，但呈现出阶段性，在经济达到较高水平后，不再影响人们对政府网站的使用行为。正如中国政府网站的访问量与人均 GDP 同步变化，而美国用户行为与其人均 GDP 已无相关性。此外，文化差异是影响各个国家电子政务发展和公众使用的重要因素，不同文化下的公众对电子政务的认识是不一样的，因此，电子政务设计需要考虑各个国家的具体情况，满足"当地人"的需求，符合"当地人"的理解与审美。李颖和徐博艺（2007）将 Hofstede 的文化四维度理论与 TAM 相结合，引入信任度、母系文化特性、高权力距特性、变革容忍度等中国特定的文化因素为外生变量，发展出考虑文化因素的电子政务接受度模型。文化因素的引入进一步指出国内电子政务门户网站建设决不能全盘照搬西方模式，而是需要从中国的文化特性出发，充分考虑不同文化下公众的喜好和意愿，满足公众的真实需求。

　　第三，经济学领域的研究主要涉及两个方面，一是企业对电子政务使用的影响因素研究，如周沛等（2012）、张秀娟（2008）、陈明亮和徐继升（2008）等以网上纳税系统为研究对象，结合中国电子政务的实际情况，提出了企业采纳网上纳税系统的影响因素，并通过实际调查数据对各个影响因素进行了实证检验。二是农民工对电子政务使用的影响因素研究，以农民工或土地市场管理电子政务网站为研究对象，探析中国特殊群体农民工对电子政务的接受情况和影响因素，以此提高农民工对电子政务的使用率，提升农村经济效益。刘玲利等（2013）根据 TAM、D&M 和 ECT 模型，构建电子政务接受和持续运行综合模型，并通过实证研究探讨影响土地市场管理电子政务网站接受和持续运行的显著因素。李宝杨（2015）在信息资源理论和信息行为理论的基础上，分析了"信息弱势群体"农民工信息采纳的基本情况，然后以农民工采纳电子政务公共服务的过程（初次采纳—持续使用—采纳扩散）为逻辑主线，采用 LRM、Probit、Logit 等方法，考察影响农民工采纳电子政务公共服务的因素。多学科分布的研究使国内电子政务公众使用的研究视野更加开阔，研究内容也不断地细化和深入，对提高电子政务的公众使用率，实现电子政务价值具有非常重要的作用。

　　3. 研究机构分析

　　发文机构是指对文献出处进行统计分析，以此来表明各个机构在电子政务公众使用研究领域的贡献。对发文机构进行统计分析有助于了解国内电子政务公众研究的核心理论，为该领域的研究提供指导与参考。表 3-1 为国内电子政务公众使用发文前 10 的机构，从表中发文机构的类型来看，电子政务公众使用研究的机构均为高校，说明高校在推动电子政务公众使用研究方面做出了巨大贡献，是电子政务公众使用研究的核心机构，这也与高校的专业设置、科研团队、研究氛围和研究资源息息相关。其中，上海交通大学在电子政务公众使用研究方面颇有建树，位居第一，发文 16 篇。从 2007 年起，几乎每年都有研究成果发表。华中科技大学紧随其后，发文 15 篇，其研究成果主要集中在以朱多刚等学者的研究为代表的政府网站公众使用影响因素研究方面。浙江大学在电子政务公众使用方面的研究也相对较多，研究时间最早，先后共有 9 篇研究成果发表。其他排名前 10 的机构发文多数为 2~5 篇，研究还较为薄弱。除此之外的研究机构发文多为 1 篇，其研究多为"一次性"研究，缺少研究的延续性。

表 3-1　国内电子政务公众使用研究发文前 10 机构

序号	发文机构	类型	发文数量/篇	首次发文时间/年
1	上海交通大学	高校	16	2007
2	华中科技大学	高校	15	2009
3	浙江大学	高校	9	2006
4	清华大学	高校	5	2011
5	大连理工大学	高校	5	2009
6	哈尔滨工业大学	高校	4	2006
7	武汉大学	高校	4	2008
8	复旦大学	高校	3	2009
9	电子科技大学	高校	2	2016
10	重庆大学	高校	2	2010

从首次发文时间来看，排名前 10 的机构中浙江大学和哈尔滨工业大学研究时间最早，2006 年开始对电子政务公众使用有所关注；上海交通大学、武汉大学和华中科技大学等高校紧随其后，陆续展开研究，这也表明电子政务公众使用研究逐渐引起了学者们的注意，研究成果也开始增多。从具体文献来看，电子政务公众持续使用方面的研究机构较为集中，其中上海交通大学发文 6 篇，主要是以 TAM 和 ECM-ISC 为基础，结合政务平台特点、用户特征、外部环境等来构建电子政务用户持续使用模型，并通过实证研究探讨各个因素对持续使用行为的影响作用。这些因素包括外部变量（便捷性、服务质量、情境性、确认度、操作经验、社会影响等）和内部变量（信任感知、娱乐感知、风险感知、成本感知、有用感知、易用感知等），并通过研究证实外部变量通过影响内部变量进而影响持续使用意愿。华中科技大学发表文献 5 篇，如朱多刚基于 TAM，分别证实了信息质量、感知有用性与感知易用性显著影响电子政务公众持续使用意愿，而系统质量和服务质量对持续使用意愿没有显著影响，这一结论与刘玉利、王冰对土地市场管理电子政务网站用户初始接受与持续使用行为研究的结论一致。此外，朱多刚在他的硕士学位论文中以 TAM 为理论基础，引入了信任（信任政府、信任技术）与感知

风险等新变量来探究电子政务公众持续使用意愿的影响因素，进一步丰富了电子政务持续使用意愿的研究。电子科技大学的 2 篇文献，分别是 2016 年 4 月发表在《中国行政管理》期刊上的《政府网站公众使用意向的分析框架：基于持续使用的视角》和 5 月发表在《情报杂志》期刊上的《基于扎根理论的政府网站公众持续使用意向研究》，两篇文章分别运用不同的方法对政府网站公众持续使用意愿展开了进一步的研究，为电子政务持续使用研究提供了新的研究视角与研究方法。

　　为了进一步了解研究机构之间的合作关系，本节将借助 CiteSpace 软件对研究机构做进一步分析。由于国内作者在国外期刊发表的 28 篇文献属于英文文献，不能和 CNKI 上的中文文献合并在一起应用 CiteSpace 做分析，因此不将 28 篇英文文献列入 CiteSpace 中分析（后文做同样处理）。首先，将下载的数据导入CiteSpace V 软件。其次，进行相应的设置，网络节点选择 Institution，时间设置为 2006~2016 年，year per slice 选择 1 年，topN 为 30，其他默认选项而生成机构共现知识图谱。最后，对生成图谱进行相应的设置，在图谱生成区域网设置threshold 为 1（即显示发文超过 1 篇的机构名称），font size 为 10，node size为 170，并调整图像到适宜位置，从而获得图 3-11 基于 CiteSpace 的发文机构共现知识图谱。图 3-11 中每一个节点代表一个机构，节点大小表示机构出现频数的多少，节点越大表示机构出现的次数越多；节点之间的连线表示机构之间的合作关系，连线越粗表示合作越密切。从图 3-11 中也能直观地看出华中科技大学在发文量上高于其他机构。同时，从发文机构共现图谱中的"连线"密度及粗细来看，各个发文机构相对独立，合作发文情况较少，多数都是各个机构的独立研究成果，呈现出"封闭式"的研究现状。当今社会是讲究团队协作的时代，学科之间的界限已经逐渐交叉渗透为一个庞大的学科体系，综合各部门优势，充分利用资源，已成为推动科研产出的巨大动力（张会巍等，2016）。因此，国内"封闭式"的研究现状不利于电子政务公众使用研究多量、高质的研究成果产出，在未来研究中应当加强合作，以求碰撞出新的火花。

　　4. 核心作者分析

　　核心作者分析有助于了解目前在电子政务公众采纳研究领域发文较多或较权威的学者，他们往往是该领域的领军人物，其观点及论述对整个电子政务公众使用研究具有非常重要的参考价值。表 3-2 为国内电子政务公众使用研究发文前10 的作者，首先，从发文数量来看，蒋骁、朱多刚等发文量排名靠前，是目前国内该领域的"活跃者"，但其发文量都未超过 10 篇，说明国内电子政务使用研究中个人成果非常有限。其次，根据单篇最高被引频次[①]来看，10 位核心作

---

① 被引频次是指一篇论文被其他论文引用的次数，它是衡量科研文献获得其他机构或学者的认可度的标志。

图 3-11　基于 CiteSpace 的发文机构共现知识图谱

者的被引频次都不高，其中被引频次最高为 32，是由李颖和徐博艺于 2007 年在
《情报科学》杂志上发表的《中国文化下的电子政务门户用户接受度分析》。而
电子政务公众持续使用研究单篇被引用最高频次为 27，是 2011 年代蕾和徐博艺
发表在《情报杂志》期刊上的《移动电子政务的公众持续使用行为研究》。再次，
从具体的文献来看，徐博艺在 2007~2011 年一直专注于电子政务公众的初始采纳
与持续使用研究，是该领域的领军人物。总体而言，国内电子政务公众使用研究
起步较晚，学者们关注度还不够，缺少高水平的核心研究者。最后，通过作者单
位可以看出，多数学者来自大连理工大学、华中科技大学和上海交通大学，他们
是否存在同一单位合作发文现象，可以通过 CiteSpace 的作者共现知识图谱和具
体的文献加以分析。

表 3-2　国内电子政务公众使用研究发文前 10 的作者

序号	作者	发文量/篇	单篇最高被引频次	单位
1	蒋骁	5	29	大连理工大学
2	朱多刚	5	12	华中科技大学
3	孟庆国	4	14	清华大学
4	季绍波	3	29	大连理工大学
5	仲秋雁	3	29	大连理工大学
6	张楠	3	14	清华大学
7	杨兰蓉	3	12	华中科技大学
8	韩啸	3	1	电子科技大学
9	徐博艺	3	32	上海交通大学
10	郭俊华	3	21	华中科技大学

为了更清楚地了解各个作者之间的合作关系，采用 CiteSpace V 软件进行作者共现分析。其设置与研究机构共现知识图谱类似，将数据导入 CiteSpace V 软件后，网络节点选择 Author，时间设置为 2006~2016 年，year per slice 选择 1 年，topN 为 30，其他默认选项而生成作者共现图谱，在图谱生成区域设置 theresbold 为 2（即显示发文超过 2 篇的作者名称），font size 为 10，node size 为 170，并调整图像位置从而获得作者共现知识图谱，如图 3-12 所示。图 3-12 中每一个节点代表一个作者，节点大小表示作者出现频数的多少，节点越大表示作者出现的次数越多，即发文量越多。节点之间的连线表示作者之间的合作关系，连线越粗表示合作越密切。通过图 3-12 能直观地发现，发文较多的学者多数是来自同一单位，包括蒋骁与季绍波、仲秋雁，朱多刚与郭俊华，孟庆国与张楠等都存在紧密的合作关系，呈现出国内同单位作者合作紧密的"景象"。进一步对国内电子政务公众使用研究论文作者进行计量统计，在这 134 篇文献中，以独立作者发表的文献 59 篇，占比 44.03%；由两位作者合作完成的文献 29 篇，占比 21.64%；由三位作者合作完成的文献 27 篇，占比 20.15%；四位及以上作者合作完成的文献有 19 篇，占比 14.18%（其中国内作者在国外发表的 28 篇文献中一位作者完成文献 1 篇；两位作者合作完成文献 5 篇；三位作者合作完成文献 7 篇；四位作者合作完成文献 8 篇；五位作者合作完成文献 6 篇；六位作者合作完成文献 1 篇）。总的来看，独立作者完成的论文所占比重虽然较大，但多数是硕博论文；而只从期刊论文的作者构成来看，多数文章是以合作形式发表的，其占比达到 55.97%。可见国内对电子政务公众的研究更多的是倾向于同单位内合作研究。著名学者 Beaver 和 Rosen（1979）对 17 世纪以后科学计量学领域的科研论文合著关系的研究表明，科学家积极的合作态度可以增加科研成果、拓宽科学家的活动范围、提高科学家的威望。也就是说，合作研究在一定程度上能够增加科研成果的产出及提升科研水平，这也是突破重大攻关项目的重要途径之一。因此，在未来的研究过程中应该鼓励合作，尤其是不同单位之间的合作与积极交流，共同推进电子政务的研究进程。

3.2.2　国内研究热点主题分析

1. 高频关键词统计与分析

研究热点主题是指在某一时间段内，有内在联系、数量较多的一组论文所探讨的问题或专题（Chen et al.，2009），可以通过对研究文献关键词进行共现分析来揭示该研究领域的热点主题。通过 CiteSpace 的词频统计功能和人工类似词汇总与统计后得到符合条件的 134 篇文献中有效关键词共 302 个，出现的总频次为 739，平均每篇关键词 5.5 个。表 3-3 国内为电子政务公众使用研究文献排名前 20 的关键词

图 3-12　基于 CiteSpace 的作者共现知识图谱

（词频≥5），这些高频关键词是电子政务公众使用研究领域的代表性术语，表征了该领域热点主题所在，其中排名前 5 的是电子政务/电子政务服务（81 次），技术接受模型/TAM（53 次），政府门户网站/政府网站（41 次），影响因素（28次），公众采纳/公民采纳（23 次）。由此可以看出，TAM 是电子政务公众使用研究的主要理论基础，而影响因素研究则一直是研究者热衷的主题。

表 3-3　国内电子政务公众使用研究文献排名前 20 的关键词

序号	关键词	频次	序号	关键词	频次
1	电子政务/电子政务服务	81	11	满意度	12
2	技术接受模型/TAM	53	12	公众接受度	11
3	政府门户网站/政府网站	41	13	实证研究	11
4	影响因素	28	14	使用意向	9
5	公众采纳/公民采纳	23	15	政务微博/微信	8
6	持续使用意向	17	16	任务-技术匹配	7
7	信任度	13	17	使用行为	6
8	公共服务	13	18	结构方程模型	6
9	信息系统持续使用模型	12	19	公众参与	5
10	移动政务	12	20	服务质量	5

　　为了进一步理清关键词的共现关系，了解国内电子政务公众使用研究主题，本书将利用 CiteSpace V 软件对国内研究文献关键词做进一步的共现分析，根据前文中研究机构和作者共现知识图谱类似的参数设置方式，获得国内研究文献关键词共现知识图谱，如图 3-13 所示。图 3-13 中每个节点代表一个关键词，节点的大小表示关键词出现频次的高低，节点之间的连线表示关键词之间的共现关系。由于分析文献是以电子政务（政府网站）与持续使用（采纳、接受）组合成六对关键词进行检索而获取的，所以电子政务出现的频次最多，在图 3-13 中显示的节点也最大，与其他关键词节点都有关联。同时，根据图 3-13 中连线、节点大小、颜色和具体文献阅读等综合分析发现，目前国内电子政务公众使用研究主要集中在电子政务公众使用影响因素研究方面。

图 3-13　国内基于 CiteSpace 的关键词共现图谱

2. 文献研究内容主题

　　根据表 3-3 和图 3-13 可知，目前国内电子政务公众使用的研究主题主要是影响因素，其研究中常常会用到如 TAM、信任理论、ECM-ISC、TTF 模型等信息系统的经典理论或模型，研究方法主要以实证研究为主。但表 3-3 和图 3-13

的关键词统计与分析并不能完全地了解研究中具体涉及哪些因素。因此，为了更好地了解电子政务公众使用影响因素研究的具体情况，笔者还对具体文献进行了认真阅读与分析，并在此基础上对研究整体情况进行归类，从而获得国内电子政务公众使用研究概况，如表 3-4 所示。结合表 3-3、表 3-4、图 3-13 及具体的文献内容可知，国内电子政务公众使用研究多为影响因素的研究，其具体研究主题如下。

表 3-4　国内电子政务公众使用影响因素研究情况

文献述评	国内文献述评			李燕（2016）	
	国外文献述评			宋伯朝和孙宇（2015）	
	国内外文献述评			蒋骁等（2009）；杨菲和高洁（2014）；李梅等（2016）；杨雅芬和李广建（2014）；陈贵梧（2013）	
影响因素研究	理论研究（概念模型构建）	TAM		有形性、反应性、关怀性、可靠性、信息品质、保证性、有用感知、易用感知、信任感知、初始期望、绩效感知、情境性、设备和服务质量、确认度、操作经验、感知费用、社交影响、娱乐感知、满意度等	陆敬筠等（2007）；杨小峰和徐博艺（2009a）；代蕾和徐博艺（2011）；蒋骁（2010）；刘霞和徐博艺（2010）；杜治洲（2010）；李颖和徐博艺（2007）
		其他模型		需求-感知匹配度、政府网站的服务运营、政府观念、用户特征、政府网站的外部环境、感知娱乐、无处不在性、情境性、证实程度、操作经验和简易度、感知费用、社交影响等	代蕾和徐博艺（2011）；陈贵梧（2011）；汤志伟等（2016a）
	实证研究（影响因素验证）	初始采纳	TAM	网站构建、主观规范、宣传培训、互动反馈、自我效能理论、有用感知、易用感知、风险感知、网络自我效能感、相容性、有用性感知、易用性感知、感知信任、感知成本、感知易用性、相对优势、自我效能、便利程度、可操作性、电子政务服务的"一站式"水平、认知度等	曹培培等（2008）；廖敏慧等（2015）；周沛等（2012）；徐和燕（2016）；杜治洲（2010）
			UTAUT	绩效期望、努力期望、社会影响、促进条件、技术-任务匹配度、可选择性、就绪度、需求优先级、领导表态、组织沟通、利益相关方压力、强制或规范性压力、政府信任、技术信任、兼容性、产出质量、工作相关性、信任技术、有用认知、易用认知等	李勇和田晶晶（2015）；刘利等（2016）；王冉冉（2016）；邵坤焕和杨兰蓉（2011）
			信任因素	信任倾向、感知风险、信任政府、信任网络等	蒋骁（2010）；李乐乐和陆敬筠（2011）；郭俊华和朱多刚（2015）

续表

影响因素研究	实证研究（影响因素验证）	初始采纳	新模型构建	管理准备度、竞争压力、效益性因素、制度性因素、技术性因素、认知有用性、认知易用性、政府压力、民族、户籍、受教育程度、收入水平、职业、婚姻状况、政治面貌等	邵兵家等（2010）；马亮（2014）
		持续使用	TAM UTAUT D&M	感知有用、用户满意、任务–技术匹配、信息质量、感知易用、期望差异、系统质量、服务质量、公民信任等	王长林等（2011）；朱多刚（2012）；刘玲利等（2013）；陈涛和曾星（2016）；杨小峰和徐博艺（2009b）
			ECM-ISC	E-SERVQUA（e-service quality，信息质量、安全性、回应性、可靠性和网站设计）、情景感知（情景感知服务的个性化、情景性、泛在性和交互性）、娱乐感知、社交影响、计算机自我效能、满意度、服务对象、服务层次、信任、网络外部性、感知信任等	汤志伟等（2016b）；王培丞（2008）；乔波（2010）
		全过程		系统成功理论、服务质量、满意度、信息质量、设计与功能、可靠性、安全与隐私、回应性、相对优势、相容性、自我效能、感知有用性、期望差异等	蒋骁（2010）；关欣等（2012）；刘玲利等（2013）

1）电子政务公众使用影响因素梳理与评述

影响因素研究是目前国内电子政务公众使用研究的核心，学者们对此展开了大量的研究，验证发现众多因素对电子政务公众使用意愿或行为有显著的影响。为了全面地了解目前已有研究中国内外电子政务公众使用受到哪些因素的影响，这些因素具有什么样的特征，以及各个因素之间的作用关系如何等，国内不少学者采用不同的方法和视角对国内外电子政务使用研究文献进行了梳理与评述，以期能为之后的研究提供参考。

第一，国内文献评述：李燕（2016）梳理了国内电子政务公众接受研究概况、研究范式，并运用权重分析法分析了现有实证研究涉及的主要变量关系及其成熟度。研究发现，我国电子政务公众接受研究尚处于起步阶段，模型构建与变量选择显得较为简单化，而较为成熟的变量关系比重过低。她还提出未来研究应聚焦于电子政务公众接受与使用的动态过程，注重理论整合的逻辑关联，增加样本容量与样本代表性。

第二，国外文献评述：宋伯朝和孙宇（2015）运用 CiteSpace 和 VOSviewer 对电子政务接受度英文文献进行了可视化分析，研究发现电子政务公众接受度研究多为基于 TAM 和问卷调查数据展开的实证研究，并指出需要在具体的电子政务应用情景中探索用户接受度的影响因素。

第三，国内外文献评述：国外对电子政务公众使用研究起步早于国内，无论是研究内容、研究方法，还是研究视角，都较国内更为丰富，基于此，近几年国内较多学者采用不同的方法对国内外研究进行梳理，以此找到国内外研究的差距，为国内研究提供新的思路。国内外文献评述主要采用了两种方法，一是描述性分析，如蒋骁等（2009）对国内电子政务公众使用影响因素进行了梳理与分析，最终把电子政务公众使用影响因素归纳为技术因素、环境因素、个人因素、质量因素；杨菲和高洁（2014）对国内外电子政务信息服务公众持续使用研究进行了综述，指出目前国内外研究持续使用行为的文献主要基于 TRA、TPB、TAM 及其扩展模型、D&M 和 ECM 展开研究。也有学者从政府部门采纳信息技术的内涵、类型、任务导向，以及影响因素、采纳过程、采纳效果进行了全面的综述。二是计量分析，如杨雅芬和李广建（2014）采用计量学的方法从概念界定、研究梳理分布、理论/模型使用、研究方法及内容等方面对当前电子政务公民采纳进行综述，发现国内研究较为缺乏，研究理论多数是在信息系统经典理论或模型的基础上进行细化、扩充、整合等；陈贵梧（2013）采用信息计量学的方法，以国内外关于电子政务接纳问题的研究性论文为对象，对国内外文献发文数量、作者、发表刊物、理论基础等进行了统计分析，指出电子政务接纳问题作为一个国际性的研究议题，目前处于起步阶段；国外的研究呈现出比较明显的系统性和累积性，国内的研究则比较零散和碎片化；文中还指出构建一个适合中国电子政务的实际情景的分析框架和解释模型是亟须拓展的方向。

随着研究的深入，国内外对电子政务公众使用研究的文献增多，其研究的理论、模型、因素增多，研究视角多元化，研究方法多样性。定期对这些研究文献进行梳理与回顾更有助于我们从全局来看待目前的研究现状与存在的问题，以便为后来研究提供参考。此外，在这些国内外文献梳理中都有提到国内外研究存在的两个普遍问题：一是研究对象单一，多为公众研究，而对政府部门、公务员与企业的研究较少；二是研究方法多为问卷调查法，调查对象多为大学生，同时样本数量不够大等导致研究结果存在不稳定性。

2）电子政务公众使用影响因素研究

就现有研究文献来看，国内电子政务公众使用研究分为影响因素理论模型构建与影响因素实证研究，其中实证研究文献居多，且多为问卷调查法。无论是理论研究还是实证研究，其研究目的都是丰富现有研究理论与模型，找到电子政务公众使用的各个影响因素，从而提高模型的接受度，提升公众使用率，实现电子政务的价值。

（1）电子政务公众使用理论模型构建研究。

国内对电子政务公众使用理论模型的构建研究主要采用两种形式。一是基于信息系统经典理论或模型而进行的理论推导（如扩展、组合或整合），同时在构建过程中也会结合具体研究对象的特征与情景，适当地增加其他影响因素，以保证所构建模型的完整性与可行性。这些经典理论模型包括 TAM、IDT、信任理论、D&M 及信息理论等。学者们对信息经典系统理论进行扩展、组合或整合过程的方法主要是从已有模型中挑选符合自身研究情景和实际需要的自变量进行组合，并重新设定因变量类型，从而发展出能够涵盖个人因素、技术因素、环境因素及质量因素等多个因素的整合模型。例如，陆敬筠等（2007）在整合 TAM 与 ECM-ISC 的基础上，将政府服务质量、政府网站系统品质与公众自身特征纳入模型中，并将公众满意度作为电子政务参与度的前因变量，以此来构建电子政务使用影响因素模型。杨小峰和徐博艺（2009a）则以 TAM 和 ECT 为基础理论，引入了有形性、反应性、关怀性、可靠性、信息品质与保证性六个公共服务因素作为政府网站接受模型中的外生变量，并引入用户感知，包括有用感知、易用感知、信任感知、初始期望、绩效感知等内生变量，最终构建了一个政府门户网站公众接受模型。代蕾和徐博艺（2011）在 TAM 和 ECM-ISC 的基础上，结合移动电子政务的特点，提出公众对移动政务持续使用受到外生变量（无处不在性、情境性、设备质量、服务质量、确认度、操作经验、感知费用、社交影响）和内生变量（有用感知、易用感知、信任感知、娱乐感知）的影响，同时，外生变量影响内生变量，进而影响满意度与移动政务公众持续使用。也有学者结合电子政务的特点，将电子政务公众采纳过程划分为采纳前阶段和采纳后阶段，并分别探析了两个阶段的影响因素，构建了一个基于全过程的研究模型（蒋骁等，2010a）。还有部分学者分别结合信息伦理、TTF 模型、文化差异等理论，从不同的研究视角，增加不同的影响因素来进一步发展和丰富电子政务公众使用的影响因素模型，为后续的实证研究提供更多的新思路（代蕾和徐博艺，2011；杜治洲，2010；李颖和徐博艺，2007）。

　　二是通过实地访谈或调研的方式，调查促进或阻碍公众使用电子政务的事项或缘由，并通过对这些事项或缘由进行整理和分析，得出影响公众使用的影响因素，构建研究模型。例如，陈贵梧（2011）采用实地调研的方式探索性地研究了电子政务服务公众接受度的影响因素，力图构建出一个符合中国电子政务情景的地方电子政务公共服务公众接受分析框架。该框架将影响因素总结为效益性因素、制度性因素和技术性因素，这些因素影响公众对电子政务公共服务的认知和态度，而认知和态度又决定着公众使用电子政务公共服务的意向和行为。此外，汤志伟等（2016a）通过实地访谈获得研究数据，再运用扎根理论探讨了公众对政府网站持续使用意向的影响因素，构建了适合中国本土化的政府网站持续使用意图的研究模型。该模型指出需求-感知匹配度是公众持续使用意向的直接影响因素，政府网站运营、政府观念、用户特征和政府网站的外部环境间接影响公众持续使用意向。

　　（2）电子政务公众使用影响因素实证研究。

　　电子政务公众使用影响因素实证研究主要包括三个方面：公众初始采纳的影响因素研究、公众持续使用的影响因素研究与公众使用全过程的影响因素研究。研究方法多为先构建理论模型，再通过问卷调查回归分析或 SEM 分析来验证模型的可行性，研究对象主要为一般公众，对特殊群体（老年人、农民工）也有所涉及。

首先，公众初始采纳的影响因素研究。电子政务公众初始采纳是电子政务使用的第一阶段，影响着公众使用中的满意度，决定着公众未来是否可能继续接受并持续使用电子政务。通过对 106 篇文献进行逐一阅读与统计分析，国内有关电子政务公众初始采纳影响因素的研究多以实证研究为主，其研究形式主要有以下四种。

第一，以 TAM 为基础的细化和扩展。TAM 是目前信息系统研究最常用的理论模型，在电子政务公众使用研究中同样有较多学者以 TAM 为基础，再结合其他理论或研究的对象特征与具体情境来构建模型并进行量化检验。以 TAM 为基础的扩展和细化研究主要是在保留 TAM 的基础上，一方面对 TAM 模型进行细化，通过引入感知有用性与感知易用性的外部变量，来进一步研究电子政务公众使用受到哪些具体因素的影响。曹培培等（2008）在 TAM 模型的基础上，引入了网站构建、宣传培训和互动反馈，作为影响感知有用性和感知易用性的外部变量，这些因素通过感知有用性与感知易用性间接作用于使用行为，而主观规范直接正向促进采纳行为。另一方面对 TAM 模型进行扩展，主要整合了 IDT、TPB、信任理论等经典理论和模型，或者将环境特征、技术特征、个人特征和质量特征等因素也加入研究模型中来构建新的假设模型，这些因素与 TAM 中的感知易用性和感知有用性共同影响公众对电子政务的使用。廖敏慧等（2015）在 TAM 和 IDT 的基础上，结合自我效能理论和风险感知研究成果，从创新技术特征视角和创新扩散环境视角出发，提出有用感知、易用感知、风险感知、网络自我效能感、相容性及主观规范是政府网站公众接受度的影响因素，并通过实证研究验证相容性、有用性感知、易用性感知及网络自我效能感是公众的使用意向的关键因素。周沛等（2012）以 TAM 和 IDT 为基础，结合移动政务特点，构建移动政务公众采纳影响因素的理论模型，并通过问卷调查对研究模型和假设进行实证检验。研究表明，感知信任、感知成本、感知易用性、相对优势、相容性、自我效能、主观范式是影响公众采纳意向的重要因素，这一研究与华中师范大学徐和燕（2016）硕士学位论文中的影响因素基本一致，不同之处在于研究对象与研究结论有差异。也有学者将 TAM 与 TTF 进行整合，从而构建了一个影响电子政务采纳行为模型，并证实了服务获取渠道的便利程度、系统的可操作性、电子政务服务的"一站式"水平、公众对电子政务的认知度等都是影响公众采纳电子政务的重要因素。这些不同理论或模型的整合在很大程度上丰富了研究内容，完善了研究模型。

在这些研究中，虽然研究者对 TAM 进行了细化和扩展，但是感知有用性和感知易用性仍然是最重要的决定要素（杨雅芬和李广建，2014）。此外，在外部影响因素的作用下，感知有用性是最显著的变量，因此在之后的政府网站建设和推广中，让公众感知电子政务技术或服务的有用性和易用性，尤其是有用性感知是提高公众使用意愿的关键所在。

第二，基于 UTAUT 的细化或拓展。UTAUT 是 Venkatesh 等在 TRA、TAM、动机理论（motivation model，MM）、TPB、C-TAM-TPB、MPCU、IDT 及 SCT 八种理论模型的基础上整合而成的综合模型，大量的研究证实 UTAUT 相比其他信息技术接受理论或模型能更好地预测个人对信息系统/信息技术的采纳，并指出 UTAUT 是目前学界使用最多、可靠性最好的模型（Al-Shafi and Weerakkody，2010；Alawadhi and Morris，2008）。由于 UTAUT 的全面性和优越性，部分学者基于 UTAUT 单一理论对电子政务公众使用展开研究。李勇和田晶晶（2015）采用 UTAUT，探索了影响民众接受并使用政务微博的因素，实证研究发现，绩效期望、努力期望、社会影响均正向影响政务微博使用意愿，使用意愿正向影响政务微博的接受与使用。刘利等（2016）基于 UTAUT 构建了移动政务档案信息服务平台使用意愿模型，通过 265 份问卷分析证实绩效期望、努力期望、社会影响和信息需求显著影响移动政务档案信息服务平台的使用意愿。

随着研究的深入，学者们意识到 UTAUT 虽然接受度高，但在针对不同的研究对象时，其研究结果也会有差异，因此为了进一步提升模型的接受度，找准不同研究对象采纳电子政务受哪些因素的影响，许多学者结合研究对象的特征对 UTAUT 进行细化或拓展，以构建更加全面和更具解释度的模型。例如，徐峰等（2012）将 TOE 和 UTAUT 结合扩展后引入电子政务系统采纳研究中，提出 T（TTF 模型、可选择性、就绪度）、O（需求优先级、领导表态、组织沟通）、E（利益相关方压力、强制或规范性压力）影响绩效期望与努力期望，进而影响电子政务使用意愿。王冉冉（2016）则在 UTAUT 和信任理论的基础上结合感知成本与整合性提出移动政务公众使用的影响因素，其研究发现，感知成本对移动政务公众使用行为意向具有负向影响。绩效期望、努力期望、社会影响、政府信任、技术信任及整合性对移动政务公众使用行为意愿具有不同程度的正向影响。邵坤焕和杨兰蓉（2011）在 TAM、TAM 2、UTAUT、IDT 和信任理论等多种理论或模型的基础上，结合移动政务的特性提出移动政务服务的用户接受模型，模型中包含外部变量（兼容性、社会影响、产出质量、工作相关性）和内部变量（信任技术、信任政府、有用认知、易用认知），并通过对各个因素进行分析，提出提升我国移动政务的接受度需要完善法律法规、保障用户安全、提高政务与技术的兼容性、加强宣传、降低运营成本等建议。

第三，基于信任的补充与拓展研究。信任是影响电子政务公众采纳和参与的重要因素，在一定程度上关乎电子政务的成败兴衰。在电子政务采纳过程中，信任被视为一个关键性指标，它在很大程度上影响着行为意向。2005 年，以 Carter 等人为代表的电子政务信任研究在国外引起了广泛的关注，研究不仅指出了信任和风险对电子政务采纳的影响，而且对信任维度进行了修正和扩展，认为信任不仅包含政府信任和互联网信任，还包含信任倾向、感知风险。这一研究为电子政务公众使用研究开辟了一个新的视角，许多国内学者也开始将信任因素作为电子政务使用研究中的一个重要变量展开研究（Carter and Belanger，2005）。

国内研究主要是把信任与其他影响因素一并整合成电子政务公众使用的直接或间接影响因素。蒋骁（2010）基于信任理论构建了电子政务公众采纳模型，并通过问卷调查的方式对研究模型和假设进行实证检验。研究结果表明信任对公众的采纳意向有显著影响，对政府机构的信任、对互联网的信任是电子政务公众信任的主要影响因素。李乐乐和陆敬筠（2011）把 TAM 中的感知有用性、感知易用性同信任（信任政府、信任网络）作为电子政务公众使用的影响因素构建研究模型，并通过实证发现信任政府与信任网络都是影响电子政务公众使用的重要因素。郭俊华和朱多刚（2015）基于 TRA 和移动商务消费者信任模型构建了移动政务服务采纳模型，该模型包括信任倾向、信任网络、信任政府、感知信任等因素。实证研究表明，信任倾向显著影响信任网络和信任政府，进而影响公众对移动政务服务的接纳，但是对移动政务的感知信任对采纳意向并无显著影响。此外，除了研究信任对电子政务公众使用影响，也有许多学者以电子政务为背景，探析信任的影响因素（侯宝柱和冯菊香，2015；赵莉，2013），为提升电子政务公众使用率、促进电子政务发展提出更具体和更具操作性的建议。

第四，其他理论模型与因素的组合研究。除了基于经典理论或模型对电子政务公众使用展开研究外，也有部分学者采用其他模型或因素进行组合展开研究，包括基于 IDT 提出的 TOE、个人因素、任务因素、外部环境因素等对公众使用电子政务的影响作用展开研究。绍兵家等（2010）以 TOE 为指导，构建了电子口岸公共服务采纳影响因素的理论模型，并利用问卷调查获得的数据对模型进行了实证检验。研究结果发现，影响电子口岸服务采纳的因素有认知有用性、认知易用性、管理准备度、政府压力、竞争压力等，并基于研究结论提出了提高电子口岸采纳水平的建议。也有学者在研究中并未采用任何理论模型，而是基于中国大城市的调查来研究公众使用政府网站的影响因素，在研究中主要探析了公民的民族、户籍、受教育程度、收入水平、职业、婚姻状况、政治面貌等都对政府网站的登录频次产生显著影响（马亮，2014）。

其次，公众持续使用的影响因素研究。电子政务公众持续使用是电子政务公众使用的第二个阶段，它决定着电子政务的最终成功。随着电子政务研究的不断深入，学者们开始认识到公众对电子政务初始采纳并不能保证公众持续使用，如果政府网站不能满足公众的需求，持续使用行为将会终止，因此对电子政务公众持续使用因素的探究就显得非常有必要。从国内现有研究文献来看，持续使用研究主要是以信息系统理论或模型为基础，将其他相关因素融入模型中作为电子政务公众持续使用意愿的前因变量来考察电子政务公众持续使用意愿的影响因素。

例如，王长林等（2011）基于 TTF，构建后采纳阶段移动政务持续使用的概念模型，利用 PLS 分析工具进行数据分析与模型验证，结果显示感知有用性和用户满意度是产生持续使用意愿的重要因素，而决定用户满意度的因素是 TTF 和感知有用性。朱多刚（2012）在研究政府网站用户持续使用行为时，综合 D&M 与 TAM，提出研究假设，通过实证研究得出信息质量、感知有用性、感知易用性对公众持续使用意向有显著影响。刘玲利等（2013）以 TAM、D&M、期望差异理论（expectation disconfirmation theory，EDT）为基础构建了电子政务接受和持续使用的综合模型来探讨影响土地市场管理电子政务网站接受和持续使用行为的因素，研究发现期望差异、感知有用性及信息质量对持续使用意向具有显著影响。

除了使用信息系统经典理论与模型外，也有学者以 ECM-ISC 为理论基础，结合电子政务的服务对象、服务层次，引入了信任、网络外部性、感知易用性和服务质量四个影响因素，构建了政府网站公众持续使用意向的分析框架，揭示政府网站持续使用产生的内在机理与逻辑。在持续使用研究中满意度常常处于核心地位，服务质量作为满意度的前因变量，两者既是持续使用意愿的决定性因素，又是信任、感知有用性、感知娱乐性与期望确认等中介变量的结果变量。杨小峰和徐博艺（2009b）在 ECM-ISC 的基础上，引入了娱乐感知和信任感知两个内部变量和社会影响等四个外部影响因子，提出了政府门户网站持续使用模型假设。汤志伟等（2016b）以 ECM-ISC 为理论基础，结合电子政务的服务对象、服务层次，引入了信任、网络外部性、感知易用性和服务质量四个影响因素，构建了政府网站公众持续使用意向的分析框架。通过对问卷数据进行分析证实满意度、网络外部性、服务质量与服务层次显著影响公众对政府网站的持续使用意向。

此外，也有学者并未采用已有的经典理论或模型，而是通过定性研究来重构政府网站持续使用的影响因素，从而丰富国内政府网站持续使用影响因素研究的本土化理论（汤志伟等，2016a）。通过文献阅读与分析发现，不同文献中实证研究的结论并不是完全一致的，实证研究多以问卷调查为主，问卷的调查对象、问卷数量、问卷设计等都会对调查结果产生影响，这也导致不同文章中服务质量对满意度、满意度对持续使用意愿的研究结果不尽相同。有学者通过线性回归模型验证了服务质量、信任通过影响满意度来间接作用于公众的持续使用意愿（王培丞，2008）。也有学者运用相关分析和 SEM 证实感知有用性、服务质量与感知信任等外生变量直接显著影响持续使用意向，不存在满意度的中介效应，也就是说，满意度对持续使用意愿并没有正向的影响（乔波，2010）。

最后，公众使用全过程的影响因素研究。公众使用电子政务的过程是一个动态过程，包括初始采纳和持续使用两个阶段。大多数学者将其进行区分研究，也有部分学者认为初始采纳是持续使用的前提，持续使用是初始采纳的延续，因而将公众使用看做一个完整的过程来展开研究。蒋骁（2010）将 TRA、IDT 和信任理论进行整合，探究影响不同类型电子政务服务初始采纳意向的因素，同时结合信息系统成功理论、服务质量理论与满意度理论等，探究电子政务服务公众持续使用意向的影响因素，实证研究表明，相对优势、相容性、自我效能均显著正向影响不同类型电子政务服务的公众初始采纳意向，信息质量、功能与设计、可靠性则通过满意度和感知有用性间接影响公众持续使用意向。关欣等（2012）则综合运用 ECT、TAM 与服务质量模型（service quality，SERVQUAL），从使用前、使用中与使用后三个阶段来研究电子政务接受意愿，研究结果显示，系统质量感知与服务质量感知通过满意度间接促进持续使用意向，同时，公众对政府网站较高的初始使用意愿也会增加其持续使用政府网站的可能性。刘玲利等（2013）根据 TAM、D&M、EDT，构建了我国土地市场管理电子政务接受和持续运行综合模型，通过问卷调研的方式证实感知有用性、信息质量和期望差异显著影响公众对土地市场管理电子政务的持续使用意向，网站的系统质量、服务质量、感知易用性对公众持续使用意向影响并不显著。

将初始采纳与持续使用作为一个全过程进行研究，有助于从整体上把握初始采纳与持续使用之间的关系，也有利于保证研究的完整性。但其弊端是虽然研究范围较广，但研究深度有所欠缺，这也是大多数学者为了更深入地研究电子政务公众使用，往往将两个过程分开研究的原因之一。

3.2.3　国内研究前沿趋势分析

图 3-14 是 CiteSpace 导出的中文文献研究前沿时区视图。该图是依据前沿热点的交互关系和演进路径设计的，是 CiteSpace 软件区别于其他可视化软件的独特功能。图谱中每个时区条块同步生成匹配的专业术语，体现了变化中的研究前沿与知识基础、重要引文之间的密切联系（张璇等，2012）。图 3-15 为基于 CiteSpace 的中文文献的 20 个突变词列表，能够清楚地展示在电子政务公众使用研究领域突变词的年代分布和突变强度。图 3-14 和图 3-15 共同展示了电子政务公众使用研究前沿的演进路径，凸显了不同年份中主要研究主题的转移情况，可以用于了解未来电子政务公众使用研究领域的前沿趋势。

结合图 3-14 研究前沿时区图、图 3-15 突变词出现时间和具体的文献分析，可将国内电子政务公众使用研究分为三个阶段：第一阶段为 2007~2011 年，基于 TAM 等经典理论的电子政务公众初始使用意向和使用行为的实证研究，多是从技术接受的角度来探究公众对电子政务的使用意向。该阶段研究成果较多，处于逐渐成熟阶段。第二阶段为 2011~2013 年，基于 D&M 对电子政务公众持续使用意愿和行为展开实证研究，更多的是从公众满意度的视角来研究公众对电子政务的持续使用行为，目前该阶段处于研究发展阶段，研究文献较少，研究深度和广度还有待提升。第三阶段为 2013~2016 年，对电子政务的研究对象开始越来越细化，由公众使用细化为农民工、老年人、大学生等群体的使用意愿与行为，研究平台也由笼统的电子政务使用研究细化到移动政务、政务微博、政务微信等不同类型的电子政务平台。该阶段的研究是顺应时代变化，在提倡信息公平与"互联网+政务"等政策背景下而逐渐展开的研究。

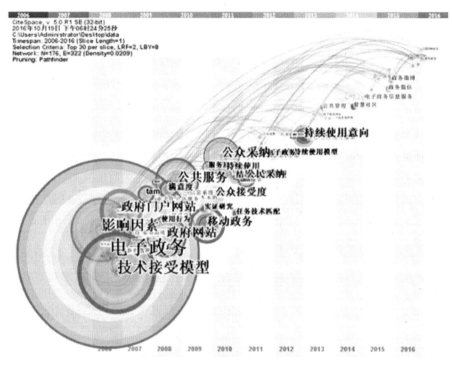

图 3-14   CiteSpace 导出的中文文献研究前沿时区视图

3.2.4   国内研究方法

此处对符合要求的 134 篇文献的研究方法进行了逐一计量统计，统计结果如表 3-5 所示，国内研究主要包括文献梳理（5.97%）、描述性方法（8.21%）、理论分析方法（17.91%）、问卷调查法（64.93%）、案例研究（1.49%）和混合方法（1.49%）。其中问卷调查法的占比最高，使用最多，主要是因为问卷调查法因操作的容易性、低成本性与高效性而广受学者们青睐。而混合方法是目前国内研究中较为少见的一种将定性与定量研究相结合的方法，更加适合打破固有的经典理论，探析更多本土化的电子政务公众使用的影响因素。总体而言，目前国内对电子政务公众使用的研究方法比较多样化，其中以定量研究的调查问卷研究为主，其他方法也有所涉及。这也是目前研究的一大局限，国内问卷调查形式的研

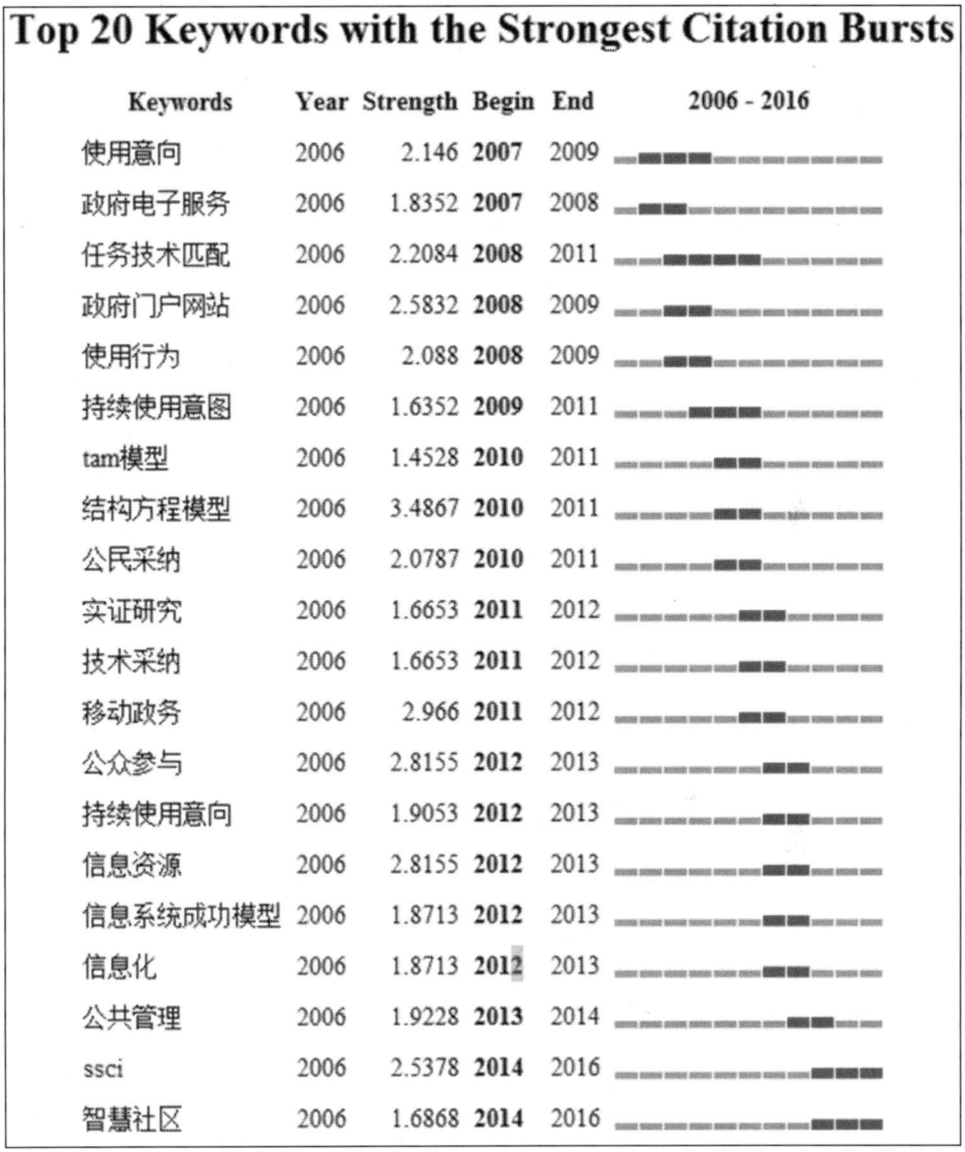

Top 20 Keywords with the Strongest Citation Bursts

Keywords	Year	Strength	Begin	End	2006 - 2016
使用意向	2006	2.146	2007	2009	
政府电子服务	2006	1.8352	2007	2008	
任务技术匹配	2006	2.2084	2008	2011	
政府门户网站	2006	2.5832	2008	2009	
使用行为	2006	2.088	2008	2009	
持续使用意图	2006	1.6352	2009	2011	
tam模型	2006	1.4528	2010	2011	
结构方程模型	2006	3.4867	2010	2011	
公民采纳	2006	2.0787	2010	2011	
实证研究	2006	1.6653	2011	2012	
技术采纳	2006	1.6653	2011	2012	
移动政务	2006	2.966	2011	2012	
公众参与	2006	2.8155	2012	2013	
持续使用意向	2006	1.9053	2012	2013	
信息资源	2006	2.8155	2012	2013	
信息系统成功模型	2006	1.8713	2012	2013	
信息化	2006	1.8713	2012	2013	
公共管理	2006	1.9228	2013	2014	
ssci	2006	2.5378	2014	2016	
智慧社区	2006	1.6868	2014	2016	

图 3-15 基于 CiteSpace 的中文文献的 20 个突变词列表

究方法往往存在问卷设计的偏差；样本取样不标准，多数是样本数太少而不能概括全样本；或者是取样范围过小，多是为某一特定人群，其中大学生作为问卷对象居多，这也会在一定程度上导致研究结果的偏差。

表 3-5　国内电子政务公众使用研究方法统计表

研究方法	分类标准	文献数量/篇	所占比例/%
文献梳理	对研究历史进行综述性描述	8	5.97
描述性方法	对现状、问题、对策进行探析	11	8.21
理论分析方法	根据已有理论推导新的理论模型	24	17.91
问卷调查法	根据研究变量设计相应的题项，发放给被调查者填写，通过分析被调查者数据得出研究结论	87	64.93
案例研究	以具体的案例进行分析	2	1.49
混合方法	定性与定量方法的结合运用	2	1.49

3.3　国外研究现状及趋势分析

通过对国内外电子政务公众使用文献的阅读发现，国外对电子政务公众使用的研究要早于国内，其研究的深度和广度也都超过国内。对国外文献进行梳理，将有助于了解国内外研究差异，为提升国内电子政务公众使用率的研究提供更多的参考意见。本节通过对 WOS 数据库进行检索并对检索文献进一步筛选得到所需研究数据 198 篇，输入 CiteSpace V 软件进行分析，并绘制出国外研究主题、机构、作者、前沿趋势等知识图谱，以此更好地了解国外电子政务公众使用研究的整体状况和变化动态。

3.3.1　国外研究总体情况概述

1. 文献年度分布情况

在 WOS 数据库输入相应的主题词后检索到 796 篇文献，经过人工逐条筛选，剔除与主题不符、重复类文献，最终获得符合主题要求文献 198 篇（截止时间为 2016 年 9 月 30 日），其年度分布情况如图 3-16 所示。从文献年度分布图来看，国外对电子政务公众使用的研究开始于 2002 年，在 2003 年处于停止不前的"尴尬"局面，2007 年之后国外研究文献总数开始逐年增长，在 2009 年达到研究的一个小高峰，随后下降再上升，直到 2014 年达到顶峰。总体而言，国外研究文献年度分布较为"动荡"，发文量起伏增长变化最终维持在一个较高水平的态势，本书认为这可能是因为一个研究主题从起步到加速再到成熟，这期间需要经历一个反复的曲折迂回过程，并不是一蹴而就的。这种起伏增长的态势也反映了国外学者对电子政务使用研究关注度的提升，研究开始逐渐走向成熟化、规范化。对 198 篇文献进一步进行分类分析发现，与电子政务公众采纳与初始使用相关的文献 121 篇，占总数的 61.11%；电子政务公众持续使用研究相关文献 49 篇，占总数的 24.75%；电子政务公众使用过程研究相关文献 21 篇，占总数的 10.61%；其他主题文献 7 篇，占总数的 3.54%。不难看出，国外对电子政务公众使用采纳与接受的研究居多，而对决定电子政务最终成功与否的持续使用的研究较为匮乏。从文献来源看，国外文献比较集中，主要来自于：*Government Information Quarterly*、*Comparative E-Government*、*Integrated Series In Information Systems*、*The American Review of Public Administration*、*Information Management*、*Information Systems Frontiers*、*Journal of Strategic Information Systems* 等外文期刊，这些期刊多数都是在电子政务、信息系统及管理科学领域较权威的期刊。

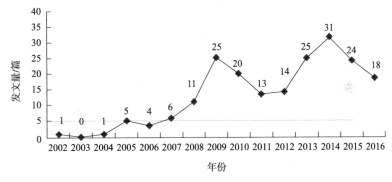

图 3-16 国外电子政务公众使用发文量年度分布

2. 文献学科领域分布情况

对符合要求的国外文献所属的学科领域进行统计分析发现，国外对电子政务公众使用研究同国内研究类似，呈现出多学科研究态势，如图 3-17 所示。不同的是学科分布上有差异，国外对电子政务公众使用研究较多的首先是计算机科学领域，发文 73 篇，占总数的 36.87%。其次是信息科学与图书科学，发文 56 篇，占总数的 28.28%。再次是公共管理学科，发文 19 篇，占总数的 9.60%。之后是商业与经济领域，发文 8 篇，占总数的 4.04%。综合来看，国外对电子政务公众使用研究主要集中在计算机科学、信息科学与图书科学和公共管理学科领域，其发文量约占总数的 74.75%，是国外电子政务公众使用研究的核心学科领域。

3. 研究机构分析

表 3-6 为国外电子政务公众使用研究发文前 10 的机构。通过该表可以了解到国外有关电子政务公众使用发文机构发表的论文数量并不是很多，其中 Brunel Univ（University，WOS 数据库中文献来源即用 Univ 代替 University）发文 12 篇，Swansea Univ 发文 11 篇，是所有发文机构中仅有的两个发文超过 10 篇的发文机构，其他排名前 10 的发文机构多数发文为 4 篇，除此以外的其他发文机构发文数

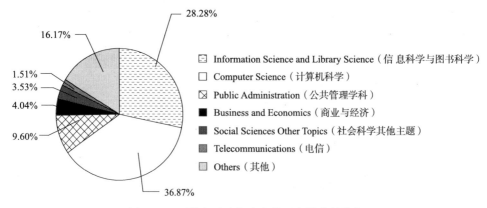

图 3-17　国外电子政务公众使用文献学科分布

量都集中在 1~2 篇。从类型来看，国外发文机构同国内一致，发文排名前 10 的机构均为高校，其中英国的两所高校发文位居第一和第二，在电子政务公众使用研究方面颇有建树，研究较为积极。此外，美国也有两所高校分别位居第四和第八，这些国家都在电子政务建设方面走在世界前列，对电子政务的重视程度要高过其他国家。

从首次发文时间来看，国外排名前 10 的机构在研究时间上都较早，其中韩国高校发文时间最早，Moon 和 Norris 于 2005 年研究管理创新对电子政务公众使用的影响。此后的 2006~2010 年，每年都有新的研究机构开始陆续对电子政务公众使用展开研究，这也说明国外有越来越多的研究机构开始关注电子政务公众使用的研究，研究成果增多。

表 3-6　国外发文前 10 机构

序号	发文机构	发文数量/篇	类型	首次发文时间
1	Brunel Univ	12	英国高校	2008
2	Swansea Univ	11	英国高校	2009
3	Univ Twente	7	荷兰高校	2007
4	Univ Utah	5	美国高校	2010
5	Natl Univ Singapore	5	新加坡高校	2007
6	Seoul Nati Univ	4	韩国高校	2009
7	McMaster Univ	4	加拿大高校	2009
8	Univ Arkansas	4	美国高校	2010
9	Korea Univ	4	韩国高校	2005
10	Univ Sains Malaysia	4	马来西亚高校	2009

为了进一步探析各个发文机构之间的合作关系，通过 CiteSpace V 软件生成研

究机构知识图谱。首先，进行数据分析设置：将待用数据导入 CiteSpace V 软件后，网络节点选择 Institution，时间设置为 2001~2016 年，year per slice 选择 1 年，topN 为 30，其他默认选项而生成机构共现图谱。其次，调整图谱大小和位置：在图谱生成区域设置 thereshold 为 1，font size 为 10，node size 为 170，并调整图像位置从而获得图 3-18。最后，解读图谱：图 3-18 中每一个节点代表一个机构，节点的大小表示出现频数的多少，节点越大频数就越多。节点之间的连线表示机构之间的合作关系，连线越粗表示合作越密切。图 3-18 也能直观地反映出 Brunel Univ 和 Swansea Univ 发文量高于其他机构，从发文机构共现图谱中的连线密度及粗细来看，各个发文机构联系紧密，合作较为普遍，联合发文较多，不同于国内研究机构"各自为营"的研究现状，而是呈现出一片"合作共赢"的研究景象。

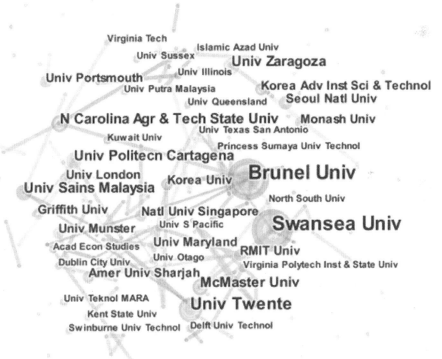

图 3-18　基于 CiteSpace 国外发文机构知识图谱

4. 核心作者分析

核心作者是指国外在电子政务公众使用研究领域发文较多、被引用频次较高的学者。了解国外电子政务公众使用研究的核心作者，对于我们选择国外研究高质量文献进行学习和借鉴来说，具有非常重要的参考意义，其提出的理论与研究方法往往具有创新性和代表性，能将电子政务公众使用带入一个新的研究视野内。表 3-7 为国外电子政务公众使用研究发文前 10 的作者。由该表可知，国外在研究电子政务公众使用方面的核心作者发文量并不是很多，其中发文量排名前二的作者为 Y. K. Dwivedi 和 L. Carter，但他们发文都未超过 10 篇。排名 3~10 的作者发文都集中在 3~4 篇。从国外单篇文章的最高被引频次来看，L. Carter 和 F. Belanger 的单篇最高引用频次最高，都为 306，通过具体文献分析发现，它们都来自同一篇文献，即 Carter 和 Belanger（2005）合作发表的 *The Utilization of E-Government Services：Citizen Trust，Innovation and Acceptance Factors*，他们把电子政务服务看做一种创新，对公民接受这种创新的影响因素进行了研究，并且以 TAM 为基础整合了 IDT 和网络信任模型来构建新的影响因素，通过实证研究证明了感知易用性、兼容性和可信赖性对电子政务公民使用的影响。总体来看，国外作者的单篇被引频次都高于国内作者，得到多数学者或机构的认可，具有一定的权威性和参考性。

表 3-7　国外电子政务公众使用研究发文前 10 的作者

序号	作者	发文数量/篇	单篇最高被引频次	来源
1	Y. K. Dwivedi	9	48	Virginia Commonwealth Univ
2	L. Carter	7	306	Virginia Commonwealth Univ
3	V. Weerakkody	5	73	Brunel Univ
4	F. Belanger	4	306	Virginia Polytech Inst & State Univ
5	P. J. H. Hu	4	67	Univ Utah
6	N. P. Rana	4	10	Swansea Univ
7	S. Sang	3	28	Seoul Nati Univ
8	T. Ramayah	3	66	Univ Sains Malaysia
9	M. A. Shareef	3	89	Swansea Univ
10	J. D. Lee	3	16	Seoul Nati Univ

采用与研究机构共现知识图谱类似的设置，将数据导入 CiteSpace V 软件后，经过相应的操作设置获得基于 CiteSpace 的作者共现知识图谱（图 3-19）。透过作者共现知识图谱中的连线发现国外作者青睐合作发文，尤其是具有高发文数量和高被引频次的核心作者之间的合作关系表现得更为明显。例如，发文最多的 Y. K. Dwivedi 所发表的 9 篇文章均与其他学者合作完成，且合作作者都超过 3 个。同时，他与排名第二的 L. Carter 来自同一所学校，共同合作完成 *Citizen Adoption of E-Government Services：Exploring Citizen Perceptions of Online Services in the United States and United Kingdom*，也与来自不同学校的 N. P. Rana 和 V. Weerakkody 都有紧密的合作关系。由此可以看出，国外作者更倾向于合作发文，这种合作并不类

似于国内的仅限于同校合作，跨校、跨地区，甚至跨国合作都较为普遍。不同学校或地区学者之间的合作有利于"碰撞"出新的研究思路或研究方法，这也是国外研究往往能够走在研究前沿的原因之一。

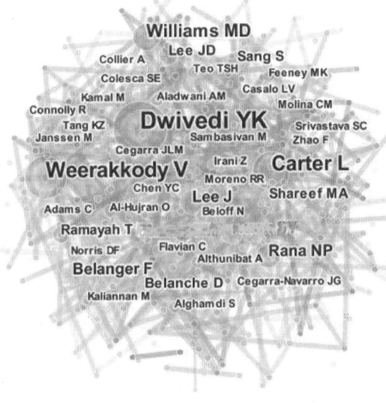

图 3-19　基于 CiteSpace 的作者共现知识图谱

3.3.2　国外研究内容主题分析

1. 高频关键词分布与统计

关键词是表示论文主题的自然语言，透过关键词集合可以揭示现有研究成果的内容特征、研究内容之间的联系和该领域研究的发展脉络与方向等。本书统计发现在外文期刊上发表的 198 篇电子政务公众使用研究文献中有 1 209 个关键词，进行类似关键词合并规范化处理后，从中选取高频关键词 20 个（词频≥10），如表 3-8 所示。由该表可知，除了输入搜索的关键词 e-government、user acceptance、adoption、acceptance 呈现高频现象外，trust、model、technology acceptance model（TAM）都具有较高的词频，是目前电子政务公众使用研究的核心关键词。同时，为了更好地了解目前国外电子政务公众使用研究热点，利用 CiteSpace V 生成了关键词共现知识图谱，如图 3-20 所示。结合表 3-8、图 3-20 可以了解到，目前国外的研究内容主题也多集中在电子政务公众使用影响因素领域。通过文献阅读与分析进一步发现，国外多数研究中都有提到 TAM 中的感知易用性与感知有用性。除此之外，对于信任、主观规范、自我效能感、便利条件、TTF、工作相关性、产出质量、结果展示性、经验、绩效期望、努力期望、社会影响、促进条件、服务获取渠道的便利程度、系统的可操作性、电子政务服务的"一站式"水平及个人性别、年龄、民族、户籍、受教育程度、收入水平、职业、婚姻状况、政治面貌等特征，都有研究证实它们与公众的电子政务使用意向或使用行为有关系。

表 3-8　电子政务公众使用排名前 20 高频关键词

序号	关键词	频次	序号	关键词	频次
1	e-government	96	11	e-government service	18
2	user acceptance	94	12	determinant	18
3	information technology	70	13	innovation	17
4	trust	66	14	behavior	17
5	adoption	58	15	internet	16
6	model	56	16	digital divide	15
7	acceptance	48	17	electronic commerce	15
8	technology acceptance model（TAM）	44	18	risk	13
9	service	39	19	information	13
10	electronic government	19	20	citizen	13

2. 研究内容主题分析

通过表 3-8 和图 3-20 可知，目前国外电子政务公众使用的研究主要以影响因素研究为主，但由于关键词有限，并不能全面与准确地了解影响因素研究的具体内容情况，因此，本书还采用了文献内容分析法对目前国内外电子政务公众使用研究尤其是影响因素研究的主题情况进行归纳统计，获得表 3-9。通过表 3-9 的国外电子政务研究主题的统计和归类，同时结合具体文献分析可知，目前国外电子政务公众使用研究主题与国内大体一致，主要围绕公众初始采纳与持续使用的影响因素展开研究。

图 3-20　国外电子政务公众使用文献关键词聚类知识图谱

表 3-9　国外电子政务研究主题情况

	结果变量（因变量）	中间变量（内变量）	自变量（外部变量）	
			理论/模型（变量）	举例
国外电子政务使用研究	初始采纳（单维度：使用意愿、使用行为）	TAM	信任、文化维度（权力距离、不确定性规避、个体主义与集体主义、男子气概与女性气质、长期导向）、信息质量、系统质量、服务质量、感知有用性、感知易用性	Alhujran（2009）；Hsiao 等（2012）
		信任	政府信任、互联网信任、信任倾向、感知风险	Carter 和 Weerakkody（2008）；Warkentin 等（2002）；Carter 和 Belanger（2005）；Colesca 和 Dobrica（2008）；Song 和 Lee（2015）

续表

结果变量 （因变量）	中间变量 （内变量）	自变量（外部变量）	
		理论/模型（变量）	举例
初始采纳 （单维度：使用 意愿、使用行为）	解构式计划 行为理论 （DTPB）	感知有用性、感知易用性、信任、互动性、感知便利性、感知风险、感知可靠性、信息质量、感知相容性、兼容性、人际影响、自我效能感	Susanto 和 Goodwin（2013）；Suki 和 Ramayah（2010）；Ozkan 和 Kanat（2011）
初始采纳（因变量维度划分）	其他因素	信息服务、在线申办服务；静态阶段和互动阶段；网站访问决策与在线交易决策、信息查询、在线交流、网上办事	Dimitrova 和 Chen（2006）；Aladwani（2013）；Susanto 和 Goodwin（2013）
持续使用	基于初始采纳经典理论/模型（TAM、D&M、UTAUT、信任理论）	信息质量、服务质量、系统质量、信任、有用感知、易用感知、计算机自我效能、感知兼容性、感知复杂性、感知相对优势、自我效能、前期经验	Thompson 等（2008）；Wangpipat-wong 等（2009）；Kim（2010）；Santhanamery 和 Ramayah（2012）；Belanche 等（2014）；Stamati 等（2012）；Orgeron 和 Goodman（2011）；Bhattacherjee（2001）
	ECM-ISC ECT	满意度、感知有用性、服务质量、网络外部性	Venkatesh 等（2011）；Bhattac-herjee（2001）；Alyrwaie 等（2012）

国外电子政务使用研究

1）电子政务公众初始采纳影响因素研究

（1）以 TAM 为基础的影响因素研究。

以 TAM 为基础的电子政务公众使用影响因素的研究方式在国内和国外都较为普遍。无论是电子政务初始采纳还是持续使用，TAM 都是学者研究中的"常客"，TAM 是 Davis 在 TRA 的基础上延伸态度与行为意向的关系后提出的，该模型认为行为由行为意向决定，而行为意向由态度和感知有用性共同决定。由于该模型能够很好地解释和预测用户的信息系统使用行为，并且国外学者普遍认为电子政务就是一种信息系统，公众对电子政务的接受或采纳就等同于对一种信息技术的接受或使用，因此，TAM 被广泛应用于有关电子政务的采纳研究中。此外，还有学者在 TAM 的基础上引入信任、文化等因素来探究电子政务的采纳问题。Alhujran（2009）在 TAM 的基础上加入了 Hofstede 文化五维度中的权力距离、不确定性规避两个变量，来研究它们对电子政务公民感知有用性和感知易用性所产生的影响。研究证实，这两个扩展变量都会对电子政务公民的感知有用性和感知易用性产生显著的影响。也有学者通过加入信任、个人创新性来对 TAM 进行扩展，研究发现这两个变量仅对公民的感知有用性产生显著的影响，对感知易用性的作用不大。在这些研究中，虽然研究模型得到了扩展，但是感知有用性和感知易用性仍然是最重要的决定要素（Warkentin et al.，2002）。

（2）用户信任对电子政务公众使用的影响作用探析。

信任是人类的一种情感，也是人类行动的一种形式，随着互联网技术的快速发展，研究者开始从用户的角度来考察电子政务公众采纳的原因，而信任便是这一研究需要重点思考的方面，因为采纳一项技术通常意味着信任，但信任对采纳的影响又会有多大呢？国外研究者就此展开了大量的研究，指出信任作为公民使用电子政务的一个潜在动力，是电子政务采纳研究中不可或缺的一部分。Carter 和 Belanger（2005）提出了一个包括信任倾向、对互联网的信任、对政府的信任和感知风险的电子政务信任模型，研究证实信任倾向显著影响对互联网的信任和对政府的信任，从而间接影响电子政务服务的使用意向。这一观点被许多国内外学者采纳，他们在之后的研究中常把信任作为电子政务采纳的一个关键因素展开研究。Colesca 和 Dobrica（2008）提出公众对电子政务的信任直接影响其使用意向。也有学者认为，与感知风险相关的安全和隐私问题会阻碍公众对电子政务的采纳（Warkentin et al.，2002）。由此可见，要提升公众对电子政务的采纳率，使公众能够接受并采纳电子政务的前提是需要赢得公众对电子政务服务的信任和对互联网安全的信任。以上研究都将信任作为自变量来研究其对公众采纳行为的影响，但也有学者把信任作为结果变量来探析采纳电子政务对信任的影响，研究证实政务社交媒体使政务服务更具透明性、参与性和互动性，这对提升政府公众信任而言具有重要的促进作用（Song and Lee，2015）。

（3）基于解构计划行为理论（decomposed theory of planned behavior，DTPB）的影响因素研究。

TPB 是 Ajzen 在 TRA 的基础上增加了感知行为控制（个人感到完成某一行为容易或困难的程度）后形成的模型。该模型中的行为态度、主观规范和感知行为控制共同影响行为意向。Susanto 和 Goodwin（2013）将态度的前因变量细化为感知易用性、感知便利性、感知风险、感知可靠性、信息质量与感知相容性等因素，而 TPB 中主观规范和感知行为控制的前因变量保持不变。Suki 和 Ramayah（2010）与 Ozkan 和 Kanat（2011）则发现，感知有用性、感知易用性、信任、兼容性等变量对公民使用电子政务的行为态度都有着显著的正向影响；人际影响会正向影响公民的主观规范，而外部影响所起的作用几乎可以忽略；自我效能感显著正向影响公众的感知行为控制。众多研究表明，基于 DTPB 的电子政务采纳影响因素研究，有助于更深入地探析电子政务采纳受到哪些具体因素的影响，以及这些因素之间的关系如何，以便更好地帮助政府部门找到公众采纳率低下的原因，找准提升用户使用率的方法。

（4）因变量维度划分。

纵观目前国内外电子政务公众使用影响因素的研究，多数学者都采用各种理论、模型或方法来探析影响电子政务采纳的影响因素，而忽视了电子政务的采纳也是有差异的，使用电子政务的目的不同、服务内容不同，使用行为发生的影响因素也是有差异的（李燕等，2016）。部分国外学者从不同的维度对结果变量（因变量）进行拓展，来探析各个影响因素对其不同采纳行为的影响差异，以便更加全面地了解电子政务公众接受与采纳，为提升电子政务使用率提出更加细致和可操作化的建议。Dimitrova 和 Chen（2006）从人口特征、心理倾向、公民意识与信息渠道四个维度探究美国公众电子政务使用行为的影响因素，同时把电子政务信息服务使用频率与电子政务在线申办服务使用频率作为因变量。Shareef 等（2011）则将电子政务服务划分为静态阶段和互动阶段，并从使用态度、使用能力、使用保障、持续使用与使用适应性五个方面考察了不同类型电子政务服务采纳的影响因素。Aladwani（2013）还将政府网站使用决策分为网站访问决策与在线交易决策，分别从技术维度、内容维度与审美维度分析了科威特公众政府网站使用决策的影响因素。Susanto 和 Goodwin（2013）根据 IDT 的观点将受访者分为现有用户（包括早期用户和新近用户）和潜在使用者（指从未使用过该系统的受访者），探讨了创新特征与社会规范对中国台湾民众在线报税系统接受度的影响作用。因变量的细化进一步扩展了现有研究视角，有助于深入研究不同类型的电子政务使用行为的影响因素，提出更准确和更具操作性的建议。

2）电子政务持续使用研究

（1）经典的信息系统采纳模型的改进与扩展。

信息系统持续使用研究初期，一些学者认为用户信息技术采纳后的使用行为是初始接受行为的简单重复和扩展，因此使用初始采纳的相关行为理论或模型（如 TAM、技术接受和使用整合模型、D&M 等）来讨论影响政府网站持续使用的因素。

首先，单一理论的细化与扩展。

第一，基于 D&M 的改进与扩展。

D&M 是 1992 年 DeLone 和 McLean 提出的，在 2003 年他们又在原模型的基础上加入了服务质量和净收益两个变量，并把初始模型中的"使用"改为"使用意愿"。虽然该模型受到了澳大利亚学者 Seddon 等的批判与质疑，但仍被众多学者用于不同信息系统的使用研究中，并证实了该模型中各个变量对信息系统的使用均有影响。例如，Thompson 等（2008）以改进的 D&M 作为理论框架，加入信任变量来探讨信任在电子政务中的作用，研究发现信任政府正向影响公众对政府网站的信任，并且信任网站与信息质量、服务质量、系统质量呈正向相关关系，而持续使用意向和满意度均受信息质量、服务质量与系统质量的影响。Wangpipatwong 等（2009）又以 D&M 为理论基础提出研究模型，利用问卷调查法和多元回归分析方法探讨了泰国政府网站的系统质量、服务质量、信息质量对公众持续使用的影响。Hu 等（2009）在 D&M 的基础上将服务质量划分为技术特征维度和服务特征维度，并从服务质量的维度提出了假设模型,通过纵向的两次问卷调查(使用前和使用后)证实,服务特征是电子纳税用户持续使用意愿的最显著影响因素。

第二,基于 TAM 的改进与扩展。

在持续使用研究中 TAM 也是常用的经典模型之一,但 TAM 较为简单,所以学者们在研究中不会只是引用该模型,而更多的是对其进行改进或扩展。Wangpipatwong 等(2008)在 TAM 理论的基础上,引入计算机自我效能为持续使用意愿的外部变量,提出电子政务服务持续使用意愿的假设模型,实证探索了有用感知、易用感知和计算机自我效能对电子政务网站的持续使用意愿影响显著,同时,易用感知通过有用感知间接影响公众对电子政务的持续使用意愿。2010 年 Kim(2010)在 TAM 的基础上引入了满意度、感知娱乐、感知费用等因素,并用实证研究证实它们对移动政务服务用户持续使用意愿有显著影响。

第三,基于信任理论的细化与扩展。

信任除了对公众初始采纳电子政务有非常显著的直接或间接作用外,是否会对公众的持续行为有影响,信任与持续使用是怎样的作用关系?学者们就此展开了一系列研究。Santhanamery 和 Ramayah(2012)通过定性研究,构建了一个信任视角下的纳税人持续使用政府电子申报系统的模型,指出信任是影响纳税人持续使用政府电子申报系统的一个重要因素。Belanche 等(2014)同样基于信任的视角,探索了影响公众持续使用电子服务因素,研究发现信任、电子服务的质量、政府的建议、他人的建议、时间意识正向影响着公众持续使用电子服务的意向。

由此看来,信任是一个对电子政务初始采纳与持续使用都有显著影响的关键变量,但初始使用前信任与持续使用时信任是不同的,电子政务公众初始信任主要是外在环境因素(包括感知声誉、质量、制度、风险等)作用于公众感知,并在个人信任倾向、动机、期望等调节下产生信任理念;持续信任更多的是受到电子政务系统使用过程中公众的安全性、绩效感知、努力感知等期望确认程度的影响。两者之间在强度上是有差异的,因此要提升公众对电子政务持续使用,除了要建立使用前的公众信任,还要保证和提升公众在使用过程中信任,进而提高电子政务公众持续使用率。

其次,多个理论或模型的组合。

可以发现,以上研究均是基于一种理论进行探讨。而随着持续使用研究的不断发展,学者们逐渐意识到使用单一的理论基础构建研究模型并不足以解释公众持续使用意向是如何产生的。因此,有学者开始从更加系统的研究视角出发,综合运用两种甚至两种以上理论来探寻问题的答案。Stamati 等(2012)的研究结合了 TAM 与信任理论中的核心变量,提出了 14 种用于研究各变量之间相互关系的假设,其中 9 种假设用于探析各变量对公民使用意向的影响程度。模型中所有的变量对公民的持续使用意向都有着显著的影响,而感知兼容性、感知复杂性、感知相对优势对公众的持续使用意向影响最为显著。Orgeron 和 Goodman（2011）整合了 TAM、信任理论及 SERVQUAL 等理论/模型，构建了一个电子政务公众持续使用的研究模型。该模型选取了 TAM 中的感知有用性和感知易用性，信任理论中的互联网信任和政府信任，SERVQUAL 模型中的可靠性、响应性、保证性、移情性等均会影响用户的服务质量感知，进而影响对该项电子政务服务的持续使用意愿。

为了验证初始采纳中经典理论或模型对持续使用的解释度，大量学者进行了深入的研究。他们尝试着把初始采纳中的经典理论或模型应用于采纳后用户持续使用行为的研究中，但结果显示那些初期采纳模型对采纳后行为的影响较弱，初始采纳中的经典理论或模型并不能完全适用于持续使用行为的研究。此后一些学者也逐渐认识到初始采纳与持续使用之间的差异，并开始寻找新的理论来解释公众的持续使用行为（陈渝等，2014）。

（2）基于期望确认理论或信息系统持续使用模型的补充与拓展。

ECT 主要着眼于用户持续使用某种产品的主观倾向，认为用户在使用某种产品之前会有一定的价值期望，该期望会与用户使用后的价值感知进行对比，由此产生的感知差距会影响用户的持续使用意向。Venkatesh 等（2011）以中国香港特别行政区政府网站为研究对象，以 ECT 和 UTAUT 为基础，提出研究假设，并进行了实证检验。为了弥补初始采纳经典理论模型和 ECT 在持续使用接受度上的不足，Bhattacherjee（2001）基于 ECT，提出了 ECM-ISC，并通过实证研究对该模型进行了验证。该模型开创了信息系统持续使用研究的理论先河，为用户持续使用研究做出了巨大的理论贡献，已被研究者们广泛接受，但在国外电子政务公众持续使用研究中得到的采用较少。Alruwaie 等（2012）以 SCT 和 ECM-ISC 为框架，并综合 D&M、SERVQUAL、UTAUT 提出了预期结果受到自我效能感、社会影响、前期经验等变量的影响，满意度受到信息质量、系统质量、预期结果等的影响，自我效能感受到前期经验和社会影响的影响。同时，满意度与预期结果也会影响电子政务服务公众持续使用意愿。

3.3.3 国外研究前沿趋势分析

图 3-21 为国外电子政务公众使用研究热点词时序图，通过关键词时序分布图能够清楚地知道关键词出现的时间和在后续研究中持续的年度，从而了解国外电子政务公众使用的研究趋势。CiteSpace 软件新增的突变词探测功能，是科学知识图谱研究中的一大创新，突变词是指某些年份发表文献中骤增的专业术语，适合表征研究前沿的发展趋势（张璇等，2012）。图 3-22 为国外电子政务公众使用突变词列表，其能够清楚地展示突变词的年代分布和突变强度，了解目前国外在电子政务公众使用研究前沿的演进路径，凸显不同年份中主要研究主题的转移情况。通过图 3-21 和

图 3-22 可知，国外电子政务使用研究分为三个阶段：第一阶段为 2005~2009 年，以 IDT 和 TAM 为研究基础，对电子政务公众使用展开研究。第二阶段为 2010~2013 年，多数研究集中于发展中国家的电子政务公众使用研究，其中涉及较多的是文化差异、数字鸿沟等多视角下的电子政务公众使用的影响因素研究；第三阶段为 2014~2016 年，这个阶段 framework、information、user satisfaction 等词较为凸显，是该时间段研究的重点，研究更多的是关注电子政务过程与电子政务持续使用，其中满意度是研究中的核心变量，公众满意度越高，持续使用的可能性就越大。

图 3-21　国外电子政务公众使用研究热点词时序图

3.3.4　国外研究方法

通过文献研究方法统计可知（表 3-10），国外电子政务公众使用研究方法与国内相似，主要为问卷调查法（34.34%）、二手数据（15.65%）、描述性方法（14.65%）、案例研究（13.13%）、理论分析方法（12.63%）。调查法主要是通过发放不同规模和范围的调查问卷或利用二手数据来进行描述统计分析、回归分析建立结构方程模型等来检验研究假设，验证研究模型。这些研究多是采用描述或规范性研究来探析电子政务公众使用中遇到的问题，提出改进意见，也有的通过已经成熟的理论来分析和推断出不同人群或不同电子政务平台下的公众使用影响因素模型。混合研究方法在国外电子政务公众使用研究中也有所运用，在所有研究文献中占比 2.52%。研究方法的多样性有助于电子政务公众使用研究的深入，未来研究中应该鼓励采用不同的研究方法来探索电子政务公众使用的影响因素，为提升电子政务公众使用率，实现电子政务价值提出更多切实可行的建议。

Top 20 Keywords with the Strongest Citation Bursts

Keywords	Year	Strength	Begin	End	2002 - 2016
diffusion	2002	1.6372	**2005**	2010	
system	2002	1.9546	**2005**	2011	
behavior	2002	1.8861	**2006**	2007	
loyalty	2002	1.7552	**2008**	2010	
delone	2002	1.777	**2008**	2011	
antecedent	2002	1.9849	**2009**	2012	
tam	2002	2.4824	**2009**	2011	
risk	2002	1.6114	**2009**	2010	
technology adoption	2002	1.5661	**2010**	2011	
impact	2002	2.1149	**2010**	2012	
perspective	2002	1.674	**2010**	2012	
e-government	2002	1.9834	**2011**	2012	
user acceptance	2002	3.7944	**2011**	2012	
digital divide	2002	3.3311	**2012**	2014	
intention	2002	2.1574	**2013**	2014	
developing country	2002	1.7111	**2013**	2014	
information system	2002	2.7855	**2014**	2016	
framework	2002	2.3671	**2014**	2016	
information	2002	2.9177	**2014**	2016	
user satisfaction	2002	1.7462	**2014**	2016	

图 3-22　国外电子政务公众使用突变词列表

表 3-10　国外电子政务公众采纳研究方法统计表

研究方法	分类标准	文献数量/篇	所占比例/%
文献研究	对研究历史进行综述性描述	7	3.54
描述性方法	对现状、问题、对策进行探析	29	14.65
理论分析方法	根据已有理论推到新的理论模型	25	12.63
问卷调查法	通过设计问卷，调查研究的问题	68	34.34
案例研究	以具体的案例来研究电子政务公众使用	26	13.13
二手数据	获取已有的数据进行研究	31	15.65
实验法	通过实验验证的方法	7	3.54
混合研究方法	定性与定量方法的结合运用	5	2.52

3.4　国内外研究理论基础

从符合要求的国内外文献来看，国内外对电子政务公众使用研究采用的理论基础基本一致，大多数都是基于信息系统中被广泛认可和接受的经典理论或模型，主要包括 TAM、TRA、IDT、TPB、ECM-ISC 及 UTAUT 等理论或模型，并且文献中使用两个或两个以上理论与模型居多。其研究形式主要有两种：一是对以往研究模型不断拓展和更正，将经典理论、经典模型与具体系统特征相结合，增加新的影响因素，扩展或整合研究模型；二是提出新的概念或理论，从而加强对某一行为的解释度，如方法目的链理论、客户关系、文化理论，甚至是通过扎根理论来构建符合本土化的新理论框架等。表 3-11 为国内外电子政务公众使用研究的理论基础与模型，统计显示国内外研究中所用到的模型大概有 20 种，其中以 TAM、TR、TPB 等前 14 种理论与模型最为常用（李燕，2016）。其研究范式包括理论研究与实证研究。理论研究主要是通过多个经典理论和研究模型进行综合分析得出新的电子政务公众采纳模型。实证研究，则是将经典理论和模型与研究对象的现实情况相结合，形成研究假设，构建研究模型，并通过问卷、实验、访谈等实证形式验证假设的真伪性和模型的可行性，这类研究方式在国内外研究中最为常见。

表 3-11　国内外电子政务公众使用研究的相关理论与模型

序号	理论基础	频次	具体变量举例
1	技术接受模型（TAM）	237	感知有用性、感知易用性
2	信任理论（TR）	125	信任倾向、信任政府、信任网络
3	计划行为理论（TPB）	69	态度、主观规范、行为控制
4	期望差异/确认理论（ECT）	34	初始期望、产品绩效、期望差异度
5	整合技术接受与使用模型（UTAUT）	32	绩效预期、努力预期、社会因素、便利条件
6	创新扩散理论（IDT）	25	相对优势、相容性、复杂性、可观察性、可试性
7	信息系统成功模型（D&M）	18	信息质量、系统质量、服务质量
8	新服务质量理论（SERVQUAL）	13	有效性、技术保障性、互动性、易用性
9	理性行为理论（TRA）	6	态度、主观规范
10	任务-技术匹配模型（TTF）	4	任务特点、技术特点、感知匹配
11	社会认知理论（SCT）	3	认知、态度、行为
12	使用与满足理论	3	感知透明度、便捷性、有用性
13	信息伦理理论（IE）	2	隐私权、知识产权、信息自由、信息获取权、信息安全权
14	解构计划行为理论（DTPB）	2	知觉风险性、个人创新性

序号	理论基础	频次	具体变量举例
15	文化理论（Cultural theory，CT）	1	母系文化特征、权力距离、变革容忍度
16	客户关系理论（CRM）	1	客户感知价值：电子政务感知功能价值、感知关系价值和感知公共价值
17	方法目的链理论（MEC）	1	产品属性-消费结果-价值
18	TOE 理论	1	技术-组织-环境
19	动机理论（MM）	1	自我效能、追求成就感、个人形象、他人认可、外部奖励
20	扩展技术接受模型（TAM2）	1	主观规范、映象、工作相关性、产出质量、结果展示性

　　电子政务公众采纳是由公众初始采纳和持续使用两个方面构成的动态过程。随着研究的深入，部分学者开始对此进行区分，并综合分析了电子政务公众初始采纳与电子政务公众持续使用的影响因素。将电子政务公众初始采纳研究与持续使用研究进行对比发现，两者具有一定的共性，研究中也会用到相同的理论与模型，如 TAM 中的感知有用性与感知易用性和 ECT 中的满意度等。但总体来看，公众对电子政务服务的初始使用意愿受到使用前认知态度的影响，而持续使用意愿则更多地受到情感满意度的影响。现有文献显示以满意度为核心的 ECM-ISC、D&M、期望价值/差异理论，多用于公众持续使用研究，是电子政务公众持续使用研究中的核心理论基础。

　　总体而言，无论学者们是基于何种理论或模型对电子政务公众使用的影响因素展开研究，其研究视角归纳起来大致分为技术层面、环境层面、用户层面和质量层面。技术层面是指用户对电子政务技术特征的感知，包括兼容性、复杂性、相对优势感知，以及感知有用性、感知易用性等；环境层面是指用户使用电子政务受到周围环境的影响，包括家人、朋友或同事的影响，其影响因素概况为主观规范、文化理论与社会影响等；用户层面是指用户的自身特性，如满意度、期望价值、使用与满足、信任等；质量层面是指电子政务网站系统的质量特性，包括信息质量、服务质量、系统质量等。

3.5　研究评述

　　第 3.2 节和第 3.3 节对国内外相关研究文献进行了全面的梳理与深入的分析，了解了目前国内外电子政务公众使用研究的现状与趋势，本节将对国内外电子政务公众使用研究进行对比分析，发现国内外研究存在的差异和问题，以便为国内研究提供参考。

3.5.1　国内外研究概况对比分析

1. 国内外总体情况对比分析

从研究时间来看，国外电子政务公众使用研究要早于国内，文献数量多于国内。但总体上国内外对电子政务公众使用研究都还不是很多，国外研究处于发展阶段，而国内研究仍处于起步阶段。同时，国内外对电子政务公众使用的研究都主要集中在初始采纳研究方面，对电子政务持续使用研究还不够重视，研究成果较少，而持续使用又是决定电子政务最终成败的关键因素，需要学界进一步关注。从学科分布来看，国内与国外研究都呈现出多学科综合研究的现状，但国外研究所涉及的学科要多于国内，学科之间的交叉也较国内更为突出。张会巍等（2016）指出当今社会是讲究团队协作的时代，学科之间不断地交叉渗透，已逐渐形成一个庞大的学科体系，综合各部门优势，充分利用资源，已成为推动科研产出的巨大动力，多学科交叉研究有助于电子政务公众使用研究内容的丰富与深入，同时也有利于研究视角的创新。因此，在未来研究中应该鼓励跨学科和多学科交叉研究，以此不断深入电子政务公众使用的研究，促进电子政务的发展。在研究机构和作者方面，国内外有差异，国内不同机构之间的合作甚少，多数都是来自同一机构的不同学者之间的合作，而国外研究机构则更多地表现在不同学者、不同机构、不同地区甚至不同国家之间的紧密合作，学者之间积极的合作可以促进科研成果的增多，保证研究质量，同时也能提升科学家的活动范围和威望（Beaver and Rosen，1979）。由此看来，合作可能是国外研究常常具有较大创新和突破的原因之一，值得国内研究学习。从发文量和单篇被引频次来看，国内研究作者的发文量与单篇被引频次都较低，而国外作者发文量虽然也不高，但其单篇被引频次较高，对比来看，国内缺乏电子政务公众使用研究的核心作者，文献质量也有待进一步提升。

2. 国内外研究理论基础与方法对比分析

通过对国内外研究所使用的理论或模型进行分析发现，国内外研究基本上运用了信息系统使用研究中已被广泛认可和接受的理论模型，如 TAM、IDT、TPB、ECM、D&M、ECM-ISC 等。并且在实际研究中也会结合具体研究对象的特征调整研究变量，提出研究假设，构建研究模型，再进一步验证模型，提出建议。不同之处在于，国内研究更多的是对经典理论和模型的简单增加或删除；国外研究除了采用经典理论和模型外，也在研究理论、研究方法和研究视角上进行创新，突破现有研究的局限，通过不断植入新的理论，采取不同的方法和研究视角来拓展研究深度与广度，完善和丰富现有研究。在研究方法方面，目前国内外学者所使用的研究方法都比较集中，主要包括理论研究与实证研究。国内研究多为实证研究，其他方法也有所涉及，而国外研究方法除了基于经典理论构建研究模型，再进行定量研究外，还对定性与定量研究方法相结合的混合方法进行了一定程度的尝试。

3. 国内外研究主题对比分析

通过国内外研究的主题对比分析发现，国内外研究都主要集中在电子政务使用影响因素的研究上，其中电子政务公众初始采纳影响因素研究备受关注，对电子政务公众持续使用研究也有所涉及，但是研究成果和研究深度都较为欠缺。国内研究主题主要包括国内外电子政务公众使用研究的梳理，以及电子政务公众使用影响因素研究（理论构建与实证研究），其中电子政务公众使用影响实证研究是最为常见的研究范式，包括初始采纳影响因素研究、持续使用影响因素研究和全过程影响因素研究。国内初始采纳影响因素研究多数都是基于国外信息系统经典的理论与模型，包括 TAM、UTAUT、TTF、信任理论、IDT 等；持续使用研究则多数与初始采纳研究中所采用的理论或影响因素大体一致，也有少部分学者基于新的研究视角或构建新的研究理论来对公众的持续行为展开研究；电子政务全过程影响因素研究则是把电子政务使用看做一个整体的过程，初始采纳是电子政务成功的第一步，持续使用是电子政务成功的关键一步，而初始采纳在一定程度上会影响公众的持续使用，以此来对电子政务初始采纳到持续使用的整个过程的影响因素展开研究，其研究模型与初始采纳和持续使用研究类似。国外对电子政务公众使用研究与国内研究大致相似，都集中在电子政务初始采纳研究与持续使用影响因素的研究上，但国外对电子政务持续使用研究的关注度要远远高于国内，同时国外研究除了对自变量的构成进行了较为详细和深入的研究外，对因变量的划分也进行了深入的探析。在研究视角方面，国外较为多元化，研究中有部分学者对文化差异与数字鸿沟带来的电子政务公众使用行为的差异性展开了深入的研究，虽然国内也有谈及文化的影响和不同群体对电子政务使用影响的研究，但研究文献较少，研究的深度和广度都有待提升。

4. 国内外研究热点对比分析

从研究热点来看，国内研究多数都集中在公众初始采纳的影响因素研究方面，主要包括感知有用性、感知易用性、服务质量、感知信任、满意度、自我效能感、主观范畴、信息质量等因素，研究内容也在不断细化，如土地管理系统、网上纳税系统等具体的电子政务信息系统，针对不同的信息系统特征展开更深入的探析，提出更可信和更具操作化的意见；研究对象也由一般公众细化为农民、老年人、大学生等群体。而国外研究对用户使用的研究也逐渐由初始采纳研究转向电子政务使用的满意度研究，而满意度是公众能否持续使用的前提，在研究上具有相关关系。

3.5.2　国内外研究的局限性

目前，国外对电子政务的研究已经逐渐走向成熟，而国内电子政务的使用研究尚处于发展阶段，众多学者和相关研究机构都对电子政务公众使用意向的影响因素进行了研究。但就目前国内外研究的现状来看，还存在很多局限性，未来还需要进一步的完善和深入。

（1）研究内容深度和广度有待提升。

根据现有国内外电子政务使用研究来看，国内外研究都还处于比较浅层次的研究，研究深度和广度还不够。研究深度方面，电子政务使用是一个动态的过程，包括初始采纳与持续使用两个阶段，文献统计分析发现，目前国内外有关电子政务的研究已经比较成熟，在电子政务的顶层设计、现状与问题分析、电子政务实施等各方面研究都有较为丰富的研究成果，而电子政务使用研究还较为欠缺，尤其是对决定电子政务最终成败的持续使用研究甚少，这不利于电子政务最终价值的实现。同时，现有的持续使用研究理论和方法多是基于初始采纳的相关理论或模型，这也导致现有电子政务持续使用研究和初始采纳研究具有相似性，未能真正探讨公众的持续使用意向。从研究广度上来说，目前国内外研究已经开始由笼统的电子政务转向具体的电子政务（如土地管理系统、纳税系统等）；研究对象也由普通公众向老年人、农民工等人群转变，但这种细化与转向还不够，国内外不同的政府部门有着自身的职能，其电子政务的设计与功能也是有差异的，公众在采纳或持续使用中也会有差异，因此基于不同背景、不同对象、不同平台下的电子政务使用研究也是非常必要的。

（2）研究理论有待丰富。

根据目前国内外电子政务公众使用研究文献来看，多数研究都是基于已有的理论或模型来提出假设，构建模型，并采用问卷调查进行验证的实证研究。Wang（2014）曾指出定量研究可能导致研究视野的单一化、碎片化，缺乏宏观的、整体的研究视角，阻碍了新的理论因素的发现。同时，这些研究的理论或模型（包括 TAM、UTAUT、TTF、ECM-ISC 等理论或模型）大多来源于商业信息系统领域，而商业信息系统和政务信息系统的目标、性质截然不同，并且两者受到的制度性约束也不同，因此运用这些经典理论或模型来探讨电子政务使用的问题时，不能较好地考虑政务信息系统所处的现实环境因素和政府自身的特殊因素，这种进行"折中"的理论使用，使研究者可能会忽略政府所具有的特性以及电子政务区别于商业信息系统的特点，进而影响研究的解释力度。此外，国内已有研究的理论基础均来源于国外成熟的理论或模型，还没有构建出在中国本土环境下的政府网站公众使用意向或行为的理论模型。这也致使基于国内情景下的电子政务公众使用行为至今仍未得到学术界清晰的讨论，在一定程度上阻碍了中国电子政务真正有效地发展。

（3）研究方法需多样化。

国内外研究多为以问卷调查法为主的定量研究，而问卷调查的结果往往会受到调查对象、样本选择、样本数量等的影响，从而导致得到的结果存在不一致性。因此未来研究中除了采用问卷调查法，也可以考虑采用客观数据进行研究，若需采取问卷调查法进行验证也应保证问卷的质量与数量，以确保研究的稳定性与真实性。同时基于现有理论构建的研究模型，再进行实证研究可能导致研究视野的单一化、碎片化，缺乏宏观的、整体的研究视角，从而阻碍新的理论因素的发现。

总之，国内外对电子政务公众使用都展开了一定程度的研究，也取得了一定数量的研究成果，对提高电子政务使用率提出了许多可行性建议。但在电子政务使用研究广度和深度方面还不够。国内外对电子政务持续使用的研究还十分欠缺，无论是研究模型、研究视角还是研究方法都还需要进一步的探析。因此，本书在基于前人研究的基础上，进一步加大对政府网站持续使用意向的研究，以期能为我国政府网站的发展和提升公众使用率、实现电子政务价值提出更多可行性建议。

3.6 本章小结

本章主要是对国内外有关电子政务公众采纳的研究成果从研究总体情况、研究内容、研究趋势、研究方法、理论基础等方面进行梳理和评述，梳理发现：①从研究时间来看，国内外电子政务采纳研究起步均较晚，但国外电子政务公众采纳的研究要早于国内。②从文献数量来看，国内外对电子政务公众采纳的研究还不多，尤其是电子政务公众持续使用领域的研究成果数量较少。③从学科分布来看，国内与国外研究都呈现出多学科综合研究的现状。④在研究机构和作者上，国内不同机构之间的合作甚少，多数都是来自同一机构的不同学者之间的合作；而国外不同机构之间和不同学者之间的合作关系都较为紧密。⑤从研究的理论基础来看，国内与国外研究主要运用信息系统使用研究中已被广泛认可和接受的成熟理论或模型，如TAM、IDT、ECM和D&M等。⑥从研究方法上看，国内外对电子政务信息服务的研究都比较注重实证研究。⑦从研究主题来看，国内研究主题主要包括国内外电子政务公众使用研究的综述，以及电子政务公众使用影响因素研究，其中电子政务公众使用影响实证研究是最为常见的研究范式，包括初始采纳影响因素研究、持续使用影响因素研究和全过程影响因素研究；国外研究与国内大致相似，都集中在电子政务初始采纳研究与持续使用影响因素研究领域，但国外对电子政务持续使用研究的关注度要远远高于国内，同时国外研究除了对影响电子政务公众使用的自变量进行了较为详细和深入的研究外，也对使用行为即因变量的划分进行了探析，并且在研究视角方面，国外也较为多元化。⑧从研究热点来看，国内研究多数都集中在电子政务公众初始采纳的影响因素研究领域；而国外由初始采纳影响因素研究开始转向以满意度为核心的电子政务持续使用研究。基于此，提出现有研究存在三个主要问题：研究内容的深度和广度有待提升；研究的本土化理论有待丰富；研究方法需多样化。

第4章　基于扎根理论的政府网站公众持续使用意向理论框架构建

4.1　扎根理论的背景、特点与基本思想

4.1.1　扎根理论的背景

20世纪中叶关于科学方法和知识的实证主义概念强调了研究的客观性、普遍性、可重复性及不同假设和理论的可证伪性。接受了实证主义范式的社会研究者，其目标在于发现外部可知世界的因果解释，进而做出预测。他们相信科学逻辑、单一方法、客观性及真理，并认为将人类经验的性质转化为可以量化的变量具有合法性。其中，实证研究主义方法假定了一些事实的存在：①观察者收集事实但不参与对事实的创造，是无偏见的和被动的；②事实与价值是分离的；③外部世界的存在是与科学观察者及其方法相分离的。因而，他们拒绝除了量化主义之外其他可能的认知方式，就这样，激发了关于定性研究科学价值的争论：20世纪60年代定量研究者认为定性研究是印象主义式的、趣闻轶事式的、非系统性且充满偏见的，对某些承认定性研究的定量研究者来说，定性研究也仅作为一个使量化工具更优秀的初级练习。这导致理论与研究的加剧分野，使定量研究虽然可以精炼既有理论，却很难产生出新的理论。

就在实证主义备受推崇的时代，社会学家巴尼·格拉泽和安塞尔姆·施特劳斯提出了扎根理论（Glaser and Strauss，1967），它作为一种完整的研究方法，融入了定量分析的思维来进行定性研究，旨在为解释与研究相关的某种行为模式而形成新的理论，而不是去验证已存在的理论（Wilson and Hutchinson，1991）。扎根理论是在经验资料的基础上，抽象出事物现象的本质概念，通过概念之间的内在联系，系统建构理论的定性研究方式（张翔，2014）。扎根理论很好地融合了社会学中两个相互矛盾且彼此竞争的传统方法：实证主义和田野调查。格拉泽和施特劳斯试图填平理论研究与经验研究之间尴尬的鸿沟，扎根理论方法的认识论

假设、逻辑和系统方法来源于拉扎斯菲尔德的实证主义，其编码分析策略又是来自芝加哥学派的实用主义和田野研究。随着扎根理论的普遍使用和发展，在现存的研究文献中扎根理论研究方法论逐渐形成了三种版本：①格拉泽与施特劳斯的扎根理论原始版本。该陈述将扎根理论定位为一种发现的方法，在研究过程中类属的生成依赖于研究者的个人经验。②施特劳斯和科尔宾将经典陈述的扎根理论向证实方向发展，形成程序化版本（Strauss and Corbin，1990），使数据和分析进入了预设的类属，因此有学者认为其与扎根理论的基本原则相矛盾。③卡麦兹、布赖恩特和克拉克在经典扎根理论的基础上，运用新的方法论假设和方法提出了建构扎根理论（Bryant，2002）。该理论认为任何理论形式提供的都是对被研究的世界的一种解释性图貌，而不是世界实际的图像（Charmaz，2000）。作为一种严谨且完整的定性研究方法，建构扎根理论已被学界广泛接受，并且有学者将其成功运用于信息系统用户行为的研究中。因此，本书选择建构扎根理论作为研究方法。学者们关于扎根理论实践的规定包括以下几点（卡麦兹，2009）：

（1）数据收集和数据分析同时进行。

（2）从数据中而不是从预想的逻辑演绎的假设中建构分析代码和类属。

（3）在每一个分析阶段均使用不断比较的方法。

（4）通过备忘录来完善类属，详细说明它们的属性，定义类属之间的关系。

（5）进行理论抽样而非基于人口代表性进行抽样。

4.1.2　扎根理论的特点

总体来讲，扎根理论可以看做一种资料分析的思考方式，它通过特定的分析策略，使理论建构的分析过程呈现出系统化、步骤化。与此同时，这也让扎根理论研究具有了以下特点。

（1）科学的逻辑思维和系统化程序。

扎根理论研究的逻辑思维科学性是指在扎根分析的整个过程中贯穿着比较原则，通过归纳与演绎并用，实现假设验证与理论建构。此外，从扎根理论研究开始到理论建构结束，包含记录、分析、转录、备忘录和报告撰写等系统化的程序，研究方法包括观察、访谈、案例及实物分析等，也使用札记、笔录、录音、录像等技术（李，2014）。

（2）互动论。

互动论表现在资料的搜集与分析之间、研究者与实际情境之间的持续互动。

作为一种从现实情境中发现理论的方法，扎根理论强调根植于实际资料，通过不断地搜集资料与互动分析形成理论。因此，这就要求研究者必须置身于其所研究现象的社会环境中，清楚地知道事物是如何运作的。同时，基于社会现象而进行的理论建构本身就是一个变化发展的过程，随着社会现象的不断变化，理论也会不断修正，因而扎根理论不是去了解某一单一因果的社会现象，而是更注重过程与变迁、现象的多样性与复杂性、现象发生的条件、意义与行动之间的彼此关系。

（3）当事人角度。

扎根理论研究特别强调研究者与被研究者的个人立场。作为研究者，具有诠释角色的责任，不仅要对被研究者的观点进行报告或描述，而且应将研究活动与当事人的生活经验背景相联系，进行理论性的分析。除此之外，扎根理论研究需秉承"见实译码"（vivo concept）的态度，基于当事人的言语来进行编码，从而如实地反映当事人的立场。

4.1.3　扎根理论的基本思想

理解扎根理论的基本思想是运用扎根理论进行研究的基础。扎根理论的基本思想主要可分为六点（陈向明，1999）。

（1）从资料中发展理论。

扎根理论所分析的资料有两种来源：①通过定性研究常用的资料搜集方法，如访谈、观察、焦点小组等方法来获得资料；②直接来源于已有的文件材料，如传记、杂志、报纸、政府文件等已出版的文档或信件、日记等未出版的文本及档案材料等。扎根理论强调从资料中提升理论，通过对事实资料的深入分析，从而不断地对资料进行浓缩，逐步形成理论框架。因此，这就要求研究者在研究分析前不进行事先的假设推理，而是怀着开放的态度直接从分析资料中进行归纳、比较和总结，最终所产生的理论也一定可以从原始资料中找到事实依据。

（2）敏锐的理论感知。

施特劳斯和科尔宾强调扎根理论分析中的"理论触觉"，其是指研究者本身的一种能力特征，一种能察觉到资料的精妙之处并赋予资料意义，能了解、区分相关与不相关事物的洞察力。"理论触觉"的提升，可以使研究者对研究资料的概念化能力更强，帮助研究者发展出扎根的、具有统领性的理论。因此，扎根理论要求研究者在进行扎根分析时，不论是在设计阶段还是在资料的搜集与分析阶段，都必须全程对理论保持高度敏感。这种敏锐的理论感知包括对前人的理论、自己现有的理论及资料中呈现的理论保持敏感，特别需要注意捕捉理论建构的新线索，并在研究过程中不断增强自己的理论触觉。研究者较好的理论敏感性不仅有助于在资料搜集时更有方向性，还能够在分析的过程中对资料内容进行更加集中、准确和浓缩的表达。

（3）不断比较的方法。

比较贯穿于扎根理论研究的整个过程。在资料的搜集过程中，研究者就需要发挥其理论敏感性来对资料进行比较，挖掘出所研究现象的特质。在资料分析的过程中，当研究者通过不断地比较分析来发现资料的普遍性时，就将资料进行抽象化，归纳为概念，从而浓缩资料；当通过比较发现不同的概念时，就可以得到新的理论构成或因素。因此，运用扎根理论建构理论的过程就是一个不断地对资料和资料、理论和理论进行反复相互比较的过程，通过此过程，发现资料与理论之间的相互关系，从而提炼出有关的类属及其属性。比较的步骤分为四步：①根据概念的类别对资料进行比较，即对资料进行编码并将资料归到尽可能多的概念类属下面之后，将编码过的资料在相同和不同的概念类属中进行对比，为每一个概念类属找到属性；②整合概念类属与其属性，即对得到的概念类属进行比较，考虑各类属之间存在的关系，并将这些关系用一定的方式联系起来；③初步描绘出可形成的理论，确定该理论的内涵和外延，将理论返回到原始资料中进行验证，同时不断地优化现有理论，使之呈现得更加明确和精细；④对理论进行陈述，将所掌握的资料、概念、类属的特性及概念之间的关系一层层地描绘出来，以回答所研究的现象或问题。

（4）理论抽样的方法。

在对资料进行分析时，研究者可以将初步形成的理论作为下一步资料抽样的标准，即以形成中的理论和已经证实具有理论相关性的概念为基础而做的抽样，也就是说，抽样的分析单元能够显现出与理论相关的事件与事例。这些理论可以指导下一步的资料搜集和分析工作，如资料的进一步选取、设码、建立编码和归档系统。当下呈现的每一个理论都对研究者具有导向作用，都可以指导研究者下一步应该如何走。因此，资料分析不仅仅是对资料的简单编码，而且是更深层次的理论编码。研究者需要不断地对资料进行分析，建立假设，通过资料和假设之间的反复对比产生理论，然后再使用这些理论对资料进行编码。采用理论性抽样，可以使概念之间的理论性特质更加完整，概念之间的理论性关联更加清楚。

（5）灵活运用文献。

对已有文献的使用可以理清研究者的思路、开拓研究者的视野，从而为资料分析提供新的概念和理论框架。但同时也需要特别注意的是，不宜过多地使用已有文献中的理论，否则，受到已有理论的束缚，可能使资料分析难以发展出新的概念和理论。一般来讲，研究使用的文献可以分为两类：①技术性文献，即具有学术性的研究报告或理论性文章，研究者在资料分析时可以将之作为背景数据，与发现的新概念进行比较；②非技术性文献，主要是指信件、传记、日记、政府或企业报表、报纸等，这些文献可以作为原始资料的补充性资料。原始资料、已有的研究成果和研究者个人先前对所研究问题的理解三者之间可以构建一个三角互动关系，在该互动关系中，研究者本人应该养成不断向自己发问和向文本发问的习惯，倾听文本中的多重声音，进一步厘清自己与原始资料和文献之间的互动关系。

（6）评价所获的理论。

扎根理论对所建构的理论的核证和评价标准有四点：①所得出的概念必须可以从原始资料中得到印证，理论有丰富的资料内容作为论证的依据；②理论中的概念应该得到充分的发展，并具有较大的密度，即理论是由许多丰富而复杂的概念及其意义关系所组成的，而这些概念又构成密集的理论性情境；③理论中的概念与概念之间具有系统性的联系，各个概念之间应该紧密地交织在一起，是一个统一的、内在联系的整体；④由系统性的概念所组成的理论需具有较强的应用价值，可以适用于较广阔的范围，具有较强的解释力，对当事人行为中的微妙之处具有理论敏感性，可以就这些现象提出相关的理论性问题。

4.2　扎根理论实施的可行性与操作流程

4.2.1　扎根理论实施的可行性

李贺楼在《扎根理论方法与国内公共管理研究》一文中指出，国内公共管理研究中的理论发展迟滞，国外的理论在解释国内的现象时往往乏力，重视扎根理论方法在研究中的运用，对理论的生成具有重要的现实意义（李贺楼，2015）。扎根理论对研究结果的可信性、可转移性、可靠性和确定性有严格的要求，被公认为是一个理想的过程探索性研究方法（陈姣娥，2012）。

基于此，本书采用扎根理论来研究政府网站公众持续使用意向的影响因素主要有三个原因：①现有关于政府网站持续使用的研究文献中产生假设的理论支撑均来自于如 TAM、UTAUT、ECM-ISC 等国外成熟的理论模型，忽视了各国国情的不同。而扎根理论研究的资料来源于田野调查，能更好地基于中国现实情境而进行影响因素探讨。②TAM、UTAUT 和 ECM-ISC 等诞生于商业环境背景，采用上述理论模型来探究政府网站的采纳问题，忽略了政务系统与商务系统的性质、目标及所受的约束力等的不同，这种借助相邻学科领域的理论而进行的折中使用，使得对政府网站公众持续使用意向的解释力度不高。而扎根理论从实际现象出发来进行不断归纳、演绎、比较和总结，可以提炼出对所研究现象具有较强解释力的理论。③探讨公众对政府网站的持续使用问题，其本身就体现了公众与政府网站的互动过程，符合扎根理论提倡的"理解行动者从主体之间的互动中构建意义的过程，也适合于有关个体解释现实的知识的构建"的研究特性。基于此，本书采用扎根理论作为第 4 章的主要研究方法，通过深度访谈的方式，获取能真实反映公众为何对政府网站产生持续使用意向的经验资料，在此基础上通过开放式编码（open coding）、主轴编码（axial coding）和选择性编码（selective coding）三个步骤对访谈所得到的材料进行编码分析，从而建立政府网站公众持续使用意向的影响因素理论框架。

4.2.2　扎根理论的操作流程

扎根理论的具体操作过程是通过编码步骤来进行资料数据的分析和理论的建构，其目的是通过从数据中抽象出主题或从多个概念中发展出理论。其中，编码作为扎根分析的核心，它是将数据分解、概念化，然后将概念重新组合的操作。最终通过编码使原始的数据资料逐渐概念化、范畴化，并对原始数据进行关联和验证，使理论得以建构。扎根理论具体的操作流程如图 4-1 所示。

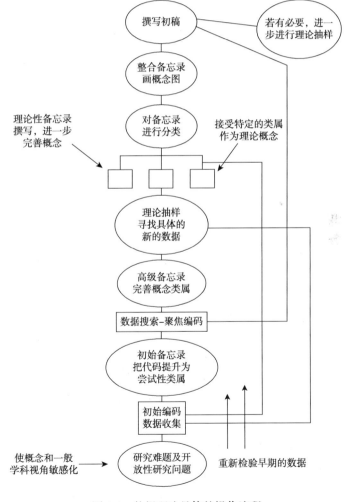

图 4-1　扎根理论具体的操作流程

资料来源：Pandit（1996）

4.3　数据来源与收集

4.3.1　问卷设计与访谈

为了加强对数据进行扎根分析时的理论触觉，笔者遵从施特劳斯和科尔宾的建议：一是要仰赖对文献的阅读，二是专业经验，三是个人经验（瞿海源等，2013）。在设计调查问卷时，首先基于研究主题，大量阅读有关电子政务用户行为研究的文献；其次，咨询八位电子政务领域的专家、学者，再与多名公共管理专业的博士与硕士研究生进行完全开放的讨论；最后得到一份开放式采访大纲，其主要内容为：①对政府网站的印象是什么样的？②为什么想到去访问政府网站？访问目的是什么？访问的感受如何？③什么原因影响你继续使用或不会使用政府网站？可以采取什么措施促使政府网站被持续使用？④政府网站建设和服务的不足有哪些？为什么会有这些不足？如何改善？网站运营的保障情况如何？

本章主要通过与受访者进行一对一的深度访谈获得研究数据，访谈前先向受访者说明访谈的主题及保密承诺，征得受访者同意后，再进行正式的访谈。每次访谈时间为 35 分钟左右，采访过程全程录音，访谈结束后立即进行编码，当研究达到理论饱和时，数据收集结束。由于本书研究的是政府网站的持续使用问题，因此首先限定受访对象为使用过政府网站的公众，在此基础上以实现理论饱和为原则，运用理论抽样的方法，按照类属生成和理论发展的要求进行采访。通过历时 5 个多月（2015 年 5 月 21 日至 2015 年 11 月 5 日）的不断访谈，我们共对 56 位对象进行了采访（表 4-1），得到了大量需要进一步探讨的数据，之后将所有的访谈数据进行系统分析，在没有新的类属出现后，也把文献中梳理出的数据纳入其中进行分析比较。

表 4-1　受访者信息一览表

类别	具体类别	人数/人	百分比/%
性别	男	34	60.7
	女	22	39.3
年龄	25 周岁及以下	18	32.1
	26~40 周岁	24	42.9
	40 周岁及以上	14	25.0
学历	大专及以下	12	21.4
	本科	24	42.9
	硕士及以上	20	35.7

续表

类别	具体类别	人数/人	百分比/%
职业	政府管理者	5	8.9
	政府职员	8	14.3
	高校教师	7	12.5
	政府网站运营人员	8	14.3
	企业员工	7	12.5
	外来务工者	5	8.9
	医生	4	7.1
	农民	3	5.4
	学生	9	16.1

4.3.2　资料整理

资料整理是在前期案例收集和深度访谈的基础上，对访谈的记录、录音资料和典型案例进行整理,研究通过各种渠道得来的资料之间的内在关系的过程。由于在扎根理论研究中，对前期资料进行整理研究后往往能够发现一些空白盲点或尚待解决的问题，因而需要在前后资料对比的过程中，重复前期案例收集工作，并与不同的受访者进行后续沟通和追踪访谈，用以解释疑问。基于此，本章资料整理的过程，并不是一次性直接完成的，而是在不断地分析资料的过程中，通过边收集边分析边编码的多次反复过程，来促使理论趋于饱和，以确保研究的准确性。

4.4　访谈资料分析

扎根理论的资料分析可统称编码分析，这一重要的分析过程连接了收集资料与发展理论两个研究过程，经由编码，研究者界定资料中发生了什么，并开始理解它们的意义（Charmaz，2008）。编码的基础原则在于对资料进行持续的比较，从中撷取主题、建立范畴，从而帮助研究者提炼出"接近真实世界、内容丰富、统合完整、具有解释力的理论"。基于此，本章在对原始访谈数据资料进行收集、整理后，参照施特劳斯和科尔宾在《质性研究概论》一书中提出的编码过程，对已整理的访谈数据资料展开三个步骤的编码分析：开放式编码、主轴编码、选择性编码。此外，在分析过程中研究者需谨记：使用扎根理论进行理论研究的过程，并不是线性的，无论何时有了新的想法涌现都应回到研究现场进行更进一步的观察和思考，重新探究可能被忽略的问题，并通过更多的数据收集、资料补充重新编码，使定性研究的理论达到饱和，以保证相关概念和理论的信度和效度。

4.4.1　开放式编码

开放式编码又称开放式登录，其目的是在研究中发现各种概念和类属。因而，开放式编码可以说是一种将数据分解、验证、比较、概念化和数据分类的过程（Strauss and Corbin，2009），在该过程中研究者带着"这些数据是关于什么的研究""这些数据由谁表达了什么""这些数据指向哪个理论类属"的问题，并保持开放、认真的态度逐字逐句逐个事件地比较所有的数据，从而简单、精确地使数据按其本身自然呈现的状态加以概念化和类属化。具体的操作是：首先将原始资料抽象成概念，即形成概念；其次针对每个概念给予一个可以代表它们现象的名字，再将有关联的概念聚集成类，并发掘这些相似概念的性质和维度，进一步发展为范畴，即类属。需要注意的是，在开放性编码中需要研究者既注重相同范畴的一致性，又注重发掘新范畴和新属性，需要在一致性与发掘新范畴和新属性之间保持平衡（Strauss and Corbin，1997）。下面举例说明本书开放式编码的实施过程（表4-2）。

表 4-2　开放式编码举例

原始材料	概念	范畴/类属
有时候一些新闻或政策通过发布会或电视进行发布，如十八届五中全会后报道的新闻内容，当时没来得及看，后来我就去政府网站上查询相应的信息	信息时效性	政府网站的信息情况
如果我能在使用政府网站时发现乐趣，如一些有趣的视频链接、新闻趣事等，我会时常进去看看	信息内容趣味性	
我曾在政府网站上查询关于我们城市的所有医院的信息，发现上面的信息非常全面，后来我遇到想要了解的信息，都先去政府网站上查询	信息的全面性	
网站上政府、事业单位的信息较多，应该提升公众信息权重	公众信息权重	
政府网站应更加积极地去建设，提供一些真正对用户有用的信息	信息的实用性	

本书将访谈的对象按照访谈顺序进行编号，FT01代表访谈的第一位受访者，以此类推。每条用于编码的数据用代号 an（n 为阿拉伯数字）进行系统表示，对应的概念化数据也用对应的同样的代号 an 表示，然后用代号 An 表示将概念化数据不断分析比较后组合起来的类属。通过这样的方法步骤，最终得到 112 个初始概念和 29 个类属（表4-3）。

表 4-3　访谈开放式编码形成的类属

访谈数据	概念化	类属
FT01: a1 政府部门自身有着使用传统印章的思想；a2 政府部门对电子章的认同程度较低；a3 很多事情不能完全在政府网站上办好，仍要求去现场处理或确认，这样不利于网站服务工作的开展；a4 工作人员的流动不利于工作的开展，因此保证网上办事工作人员的稳定性，对办事服务的开展很重要 FT02: a5 我习惯上网查询信息；a6 当政府网站提供的服务满足了我的心理预期时，我会很愿意下次仍然使用它来获得我所需 FT04: a7 当地年龄较大的人认为到现场窗口办事更让他们放心；a8 部门对政府网站的重视情况，会影响网站的建设和运行；a9 建立专门的组织机构；a10 配套相应的工作人员；a11 岗位编制对政府网站的持续使用有很大帮助 FT06: a12 我一般通过公告栏、政务大厅等方式获得信息或进行咨询；a13 若使用政府网站能让我办事方便并达到目的，我会毫不犹豫地一直使用它 FT07: a14 一些人内心对网上事物的信任度较低；a15 我们可以借助现有的媒介，如报纸、电视进行宣传和在名片上进行宣传 FT08: a16 我要了解政府信息通常是通过看报纸、看电视或打电话咨询获取，而不是上网查询；a17 有一次我使用政府网站进入工商局办事，提交了身份证明后，工商局无法核查身份真实情况；a18 又需要我去公安局审查，后来我就直接去现场办事；a19 并且网上办事仍需事先将资料扫描成电子档，上传到网站上待审核通过后才能提交原始资料；a20 有些网上办事与线下的办事期限要求基本差不多；a21 并不是特别方便 FT10: a22 我认为政府网站的有些功能是别的平台没有的，如"市长信箱""无障碍浏览"等，因而我会有需要就使用它 FT11: a23 我们网站的用户主要为中青年人；a24 他们使用政府网站主要是为了从网站上获取所需要的信息或了解办事程序指南，以及通过网站与政府进行交流、投诉等；a25 而政府网站上的领导新闻、政府自身新闻并不常被使用；a26 因此我觉得应该以公众为中心，在网页上增加为公众服务内容的板块；a27 有些地方宽带普及率较低，限制了政府网站的普及使用；a28 领导越重视，我们也就越上心，将政府网站的使用摆在更重要的位置；a29 资金投入的不充分、不均匀，不利于网站的改版建设，资金投入的问题也与政府的定位有关 FT13: a30 现在的宣传力度还不够；a31 因此积极主动地加强对政府网站的宣传，如进社区、下基层宣传；a32 让更多的公众了解政府网站的功能作用是提高网站使用率的重要因素 FT15: a33 我是计算机专业毕业的，读书的时候也学习过网站前端的设计、编程等；a34 对网站上的功能、信息筛选查询的使用方法等都比较熟悉；a35 因此我觉得从政府网站上获取信息方便快捷；a36 我每天都会去浏览我所在地的政府网站，这已经成为我每天上网的一部分；a37 有时候一些新闻或政策通过发布会或电视进行发布，如十八届五中全会后报道的新闻内容，当时没来得及看，后来我就去政府网站上查询相应的信息	a1 政府使用传统印章的思想 a2 政府部门对电子章的认同度 a3 政府线下办事思维 a4 工作人员的稳定性 a5 信息查询习惯 a6 满足心理预期 a7 临场感 a8 部门重视度 a9 建立相应职能部门 a10 配备工作人员 a11 配备岗位编制 a12 去公告栏或政务大厅获取所需 a13 方便地达到目的 a14 网上事物接受程度 a15 用其他媒介宣传 a16 从报纸、电视、电话获取所需 a17 部门之间信息共享度 a18 感到麻烦 a19 办事流程多 a20 办事期限 a21 感到不方便 a22 认为某些功能独一无二 a23 用户群体 a24 常使用的功能 a25 不常使用的功能 a26 以公众服务为中心 a27 宽带普及率 a28 领导重视度 a29 资金投入 a30 宣传力度 a31 实地进行宣传 a32 增加网站功能知晓度 a33 计算机知识 a34 熟悉网站 a35 感觉使用便捷	A1 政府信息化思维（a1，a2，a3） A2 组织保障（a4，a9，a10，a11，a46） A3 习惯（a5，a36，a53） A4 满意度（a6，a39，a72，a94，a100） A5 人口统计学变量（a7，a23，a83，a87，a97，a98，a103，a104，a106） A6 政府重视度（a8，a28） A7 可替代方式（a12，a16，a99） A8 便捷性感知（a13，a18，a19，a21，a35，a51，a69，a84） A9 信任感知（a14，a54，a55，a56，a57，a107） A10 政府创新扩散（a15，a30，a31，a32，a40）

访谈数据	概念化	类属
FT16: a38 使用政府网站的效果的好坏会影响我对其的再次使用；a39 当然，如果它给了我惊喜，我会非常满意，以后有需要就使用它 FT18: a40 对政府网站，我听说过但基本上不了解其用处，甚至我们村很多人都不知道我们当地政府有网站，更不用说对网站功能的了解 FT19: a41 提高用户对政府网站的依赖；a42 让用户对政府网站产生使用需求是有利于政府网站持续使用的关键一步；a43 并且还应该加强部门之间的业务协同；a44 协调各部门信息和资源；a45 协同工作机制和理顺管理问题，这样才能为网上办事提供更好的服务基础，利于政府网站的持续使用；a46 加强对工作人员的培训，提升工作人员的理解力，确保工作人员的业务能力；a47 同时，对于网站来说，提高其反应速度；a48 保证不会由于访问量集中过大或别的因素而崩溃或无法显示等；a49 网站的信息不被泄露、做好抵御病毒等入侵都是很重要的 FT20: a50 我身边的很多朋友都在使用政府网站，有时聊天就会说在政府网站上办事如何好，受他们影响，我也尝试着逐渐使用政府网站；a51 我有一次通过政府网站事先查询关于城乡居民医疗保险参保和缴费的办事指南，然后按照上面所说很顺利地进行了参保和缴费；a52 觉得挺有用的，后来办事情前我都会先使用政府网站进行查询 FT22: a53 我是个宅男，每天就爱上网；a54 上网多了就对网络和信息技术比较信任；a55 并且我觉得政府网站代表了政府的形象，而我信任政府；a56 所以我认为它提供的内容是准确且值得信任的；a57 因此我也很相信政府网站；a58 特别是有一次我尝试使用政府网站去办事并把事情办好了，后来我就基本通过政府网站办事或查询信息 FT23: a59 政府网站给我的感觉总是比较严肃；a60 如果我能从使用政府网站上感到乐趣，如一些有趣的视频链接、新闻趣事等，我会时常进去看看；a61 我还觉得政府应该将网上处理事务或信件的环节步骤透明化 FT25: a62 政府网站的页面内容太多太杂；a63 我认为政府网站页面设计应该更简单活泼；a64 增强视觉效果；a65 除有一些关于技术安全的法规外；a66 对网站的建设和服务的提供并没有法律法规保障；a67 而法律法规的保障可以提高公众的安全感；a68 有些有内部考核机制，有些没有，良好完整的考核机制有利于网站的建设和服务的提供 FT26: a69 我使用过一次政府网站，想要了解关于生二胎的政策，但我很难找到所需信息，最后找了很久才找到，觉得很麻烦，后来我就不使用了 FT29: a70 网站服务缺乏激励机制，限制了工作积极性的最大化；a71 并且用户利益无法完全保障；a72 影响了用户的满意度；a73 在进行政府网站的建设时，应先确定服务群体，调查分析其需求，使服务与需求相吻合；a74 政府应转变意识，牢固树立服务型政府观念；a75 不仅重视现场服务，也必须重视在网上为公众提供优质服务，这样非常有利于政府网站的持续使用 FT30: a76 本来我有时会看一看政府网站，但有一次我在网上进行留言咨询关于旅游的事情，结果得到的回复简单敷衍，后来就不想使用政府网站了	a36 每天上网都会浏览政府网站 a37 信息的时效性 a38 使用效果 a39 使用感到惊喜 a40 网站知晓度 a41 提高用户网站依赖感 a42 引导用户产生使用欲望 a43 协同部门之间的业务运行 a44 协调各部门资源 a45 协调机制 a46 工作技能 a47 响应速度 a48 网站稳定性 a49 网站安全性 a50 朋友影响 a51 顺利获取服务 a52 感觉有用 a53 上网习惯 a54 信任技术 a55 对网站的心理印象 a56 信任网站内容 a57 信任政府网站 a58 办事效果 a59 感觉网站严肃 a60 信息内容趣味性 a61 工作机制 a62 页面内容多且杂 a63 简单活泼的页面设计 a64 增加页面吸引力 a65 已有技术安全法规 a66 缺乏法律法规保障 a67 安全感 a68 考核机制 a69 使用容易程度 a70 激励机制 a71 用户利益保障 a72 满意度	A11 部门协同性（a17，a43，a44） A12 成本感知（a20，a110，a111） A13 不可替代性感知（a22，a41，a92） A14 用户需求（a24，a25，a42，a90） A15 网站服务建设情况（a26，a71，a73，a75，a82，a91，a101，a102） A16 基础设施（a27，a96） A17 政府财力资源保障（a29） A18 个体能力（a33，a34，a105） A19 网站的信息情况（a37，a60，a80，a81，a89） A20 有用性感知（a38，a52，a58，a93，a112） A21 服务机制建设（a45，a61，a68，a70）

续表

访谈数据	概念化	类属
FT32：a77 调整网站设计向着时下主流的扁平化发展；a78 改版栏目设计和页面体系；a79 打造重点栏目，建设品牌 FT33：a80 我曾在政府网站上查询关于我们城市的所有医院的信息，发现上面的信息非常全面，后来我遇到想要了解的信息，我都先去政府网站上查询 FT36：a81 网站上政府、事业单位的信息较多，应该提升公众信息权重；a82 先解决大多数公众的需求，再解决个性化需求；a83 并且政府网站应考虑公众的性别，如要了解关于女性生育、产假等方面的政策信息；a84 我直接选择女性就可以方便快捷地找到 FT37：a85 我觉得政府既然在网站上提供了公共服务，那么就应该积极回应我们老百姓的需求；a86 我在网站上进行咨询，如果感受到政府回应迅速，回复周全，服务较好，我会感觉很不错，下次会再来使用的 FT39：a87 我的丈夫是公务员，他不得不使用政府网站；a88 并且他还教我怎样使用政府网站，介绍政府网站的功能作用，后来我就时常使用政府网站浏览政务新闻、信息或办事 FT40：a89 政府网站应更加积极地去建设，提供一些真正对用户有用的信息；a90 把一些用户没有意识到的需求纳入进去；a91 这样当用户访问网站时，发现了这些意想不到的有用的好服务，他们会感到惊喜，觉得政府网站考虑很周到，而往往这些惊喜就是他们持续使用政府网站的原因；a92 另外，更好的持续使用，应该让用户感到政府网站是不可替代的，这种不可替代不仅可以是网站的功能，还可以是网站的影响力、用户的满意度等 FT42：a93 我是外地人，用过政府网站后，发现它的功能很不错，既有看新闻、查询所需政策和信息等办事活动，还有投诉、向领导写信等活动，基本上政府的服务功能在网站上都可以实现；a94 很好很实在，我会继续使用它；a95 但是回老家的话，由于家乡经济条件不好；a96 光纤没有覆盖到，就不能使用政府网站而不得不去村公告栏获取信息 FT43：a97 我是藏族人；a98 我们老家有些人只熟悉藏语，现在很多政府网站都没有藏文版，使一些族人根本无法使用政府网站 FT45 a99 在"互联网+"时代，政务发布、政务微信、政务微博等新媒体发展迅速，很多人选择使用这些新媒体，从而影响了政府网站的使用；a100 如果公众感受到使用别的平台获得比使用政府网站更满意的服务，那么对政府网站的使用将是很大的挑战 FT46：a101 我觉得网站建设发展忽视了我们百姓的情况；a102 如果服务内容更加贴近生活，与我们自身的利益相关，我们肯定会更多地使用它的 FT48：a103 没读过书；a104 年龄也大了；a105 很少使用电脑，每次在政府网站上查找信息就头疼，真不想使用 FT51：a106 我是党员；a107 对党和政府充分信任，所以对于政府网站，我很乐意使用它，并愿意介绍给朋友	a73 服务与用户需求匹配度 a74 服务型政府观念 a75 提供优质服务 a76 感受到的回复质量 a77 页面扁平化发展 a78 页面框架调整 a79 网站特色建设 a80 信息的全面性 a81 公众信息权重 a82 服务满足大众需求 a83 性别因素 a84 便捷获取信息 a85 感受到的回应态度 a86 获得服务的感受 a87 职业因素 a88 家人影响 a89 信息的实用性 a90 没有意识到的需求 a91 提供的服务的全面性 a92 感觉不可替代 a93 感觉功能有用 a94 感觉好 a95 经济发展水平 a96 网络硬件设施 a97 民族因素 a98 语言因素 a99 政务新媒体 a100 竞争品满意度 a101 服务建设忽视公众情况 a102 服务贴近公众生活和利益 a103 学历因素 a104 年龄因素 a105 电脑使用经验 a106 政治面貌 a107 信任政府 a108 网站兼容性 a109 隐私担忧	A22 网站特性 （a47，a48，a49，a79，a108） A23 人际影响（a50，a88） A24 页面设计 （a59，a62，a63，a64，a77，a78） A25 法律法规现状（a65，a66）A26 安全性感知 （a67，a109） A27 服务型政府观念 （a74） A28 回应性 （a76，a85，a86） A29 经济环境（a95）

续表

访谈数据	概念化	类属
FT53: a108 我曾经使用××浏览器打开政府网站查询公务员招考的问题，结果试了很多次都没能登录进去，最后我是下载了其他浏览器才登录进去的，这次体验大大影响了我对网站兼容性的满意度，我后来一般不会去使用它 FT55: a109 当我需要进行一些比较敏感或私密的事情时，我一般会到现场去办，因为我担心在网上会将信息泄露了 FT56: a110 我觉得政府网站上的服务，很少需要打印材料；a111 花钱也更少；a112 很多时候都让我费较少的精力就获得了我所需的服务，比坐车去政务大厅获取信息和服务高效多了	a110 用纸量 a111 节约资金 a112 感觉服务效率高	

4.4.2 主轴编码

主轴编码又称关联式登录，其主要任务是发现和建立概念类属之间的各种联系，这些联系可以是因果关系、时间先后关系、情境关系、过程关系或策略关系等（李，2014）。在主轴编码中，研究者每一次只对一个类属进行深度分析，围绕着这一个类属去寻找相关关系，因此称之为主轴。随着分析的不断深入，各个类属之间的各种联系也就变得越来越清晰。

开放式编码是分解资料以便研究者辨认资料中的范畴、性质及维度的位置，而主轴编码则是通过联系一个范畴及其辅助范畴而对资料进行的重新组合。因而，主轴编码是利用产生所研究的现象的条件、现象的一些特定性质，以及在现象中行动者为了要执行、处理而采用的策略和采用后的结果，来帮助研究者更准确地理解一个现象。

本书的主轴编码是将在开放式编码中形成的众多不同等级、不同类型、深层关系尚不明确的类属，进一步分析比较、关注各类属之间的关联性，从而调整归类，使类属有机地联系起来，形成主类属（Charmaz，2002）。本书对开放式编码中形成的 29 个类属进行主轴编码，形成了 14 个主类属：B1 政府观念、B2 政府网站的服务运营、B3 用户特征、B4 心理感知、B5 人口变量、B6 用户需求、B7 服务质量、B8 信息质量、B9 系统质量、B10 替代性资源、B11 主观规范、B12 基础设施、B13 法制环境、B14 经济环境（表 4-4）。

表 4-4 主轴式编码形成的主类属及关系内涵

主类属	类属	关系内涵
B1 政府观念	A1 政府信息化思维、A6 政府重视度、A27 服务型政府观念	共同形成政府对政府网站的观念
B2 政府网站的服务运营	A2 组织保障、A10 政府创新扩散、A11 部门协同性、A17 政府财力资源保障、A21 服务机制建设、A28 回应性	构建相应的职能部门，投入充足的资金，建立有效的工作、协调、考核和激励等机制，协调各相关部门的业务与资源，加强对政府网站的宣传等创新扩散活动，从而保障对政府网站进行良好的服务运营

续表

主类属	类属	关系内涵
B3 用户特征	A3 习惯、A18 个体能力	体现了用户的特征
B4 心理感知	A4 满意度、A8 便捷性感知、A9 信任感知、A12 成本感知、A13 不可替代性感知、A20 有用性感知、A26 安全性感知	用户在使用政府网站的过程前后，通过感知到政府网站的便捷性、有用性、安全性及服务质量情况及对政府网站的信任程度等因素，影响其持续使用的心理感知
B5 人口变量	A5 人口统计学变量	包含了个体的性别、年龄、学历、职业和政治面貌
B6 用户需求	A14 用户需求	体现了用户对政府网站的需求情况
B7 服务质量	A15 网站服务建设情况	体现了政府网站为用户提供的服务的质量
B8 信息质量	A19 网站的信息情况	体现了网站提供的信息的质量
B9 系统质量	A22 网站特性、A24 页面设计	共同构成网站的系统质量
B10 替代性资源	A7 可替代方式	体现替代性资源的丰富程度
B11 主观规范	A23 人际影响	体现他人对用户心理感知和需求所产生的影响
B12 基础设施	A16 基础设施	为公众提供上网条件的物质工程设施
B13 法制环境	A25 法律法规现状	法律法规现状代表了当前的法制环境
B14 经济环境	A29 经济环境	公众生存和发展所处的社会经济环境

4.4.3　选择性编码

选择性编码又称选择性登录，是在主轴编码之后所进行的复杂水平上的编码。它是通过选择核心类属来将其他类属系统地联系起来，验证它们之间的关系，并进一步完善各种类属的过程。在此过程中，编码分析不断地集中、聚焦到那些与核心类属有关的类属上面，从而使核心类属能够将绝大多数分析结果囊括在大的理论范围以内，具有很好的统领性。因此，分析时可以借助撰写故事线、运用图表及备注等技术来提炼出核心类属。

在该步骤中，研究者对主轴编码得出的主类属再次进行系统分析、反复比较和调试，从中得到概括力强、能够统领许多相关类属的核心类属。本书基于对 14 个主类属的选择性编码，将"政府观念"、"心理感知"和"人口变量"分别单独作为一个核心类属；"政府网站的服务运营"、"服务质量"、"信息质量"和"系统质量" 4 个主类属编码为核心类属"政府网站的服务运营"；"用户特征"和"用户需求" 2 个主类属编码为核心类属"用户特征"；"替代性资源"、"主观规范"、"基础设施"、"法制环境"和"经济环境" 5 个主类属编码为核心类属"政府网站的外部环境"，以上 6 大核心类属共同影响着公众对政府网站的持续使用意向（图 4-2）。

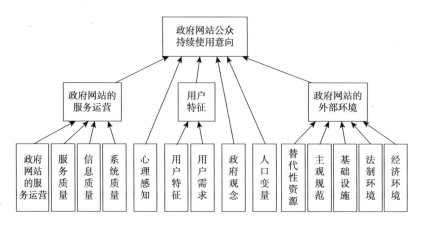

图 4-2　政府网站公众持续使用意向影响因素的选择性编码

4.5　信度与效度检验

4.5.1　研究伦理

研究伦理是指研究人员进行学术研究时所遵循的道德规范和责任（郭玉霞，2009）。定性研究的研究者应该谨慎地遵守研究伦理规范，为了获取相对更加客观真实的数据，本书的访谈采取一对一的形式，以公正、忠实、尊重的态度记录访谈内容并严格保管访谈资料，在分析研究时不透露受访者的姓名、单位等隐私信息，完全保障受访者的基本权益。

4.5.2　信度与效度检验

在定性研究中，可信度指的是用完整、一致的方法来产生值得相信的结果（Richard，2005）。本书参照迈尔斯和休伯曼（2008）提出的对定性数据中编码者信度的检验公式来进行信度检验。从两位编码者中任意抽取一位编码者所编码数据的 50%，让另一位编码者独立地对这部分数据再进行编码，根据这部分数据确定的类属来计算两位编码人员一致同意的类属数量和不同意的类属数量，通过公式计算得出信度为 97.03%：

$$信度 = \frac{一致同意的类属数量}{所有类属数量} \times 100\% = \frac{2 \times 49}{51 + 50} \times 100\% \approx 97.03\%$$

有效性是指研究是有效的，或是有依据的、确实的。运用访谈进行理论构建时，容易受到访谈对象主观或客观因素、所处身份地位或成长经历的不同形成结论差异等因素的影响，导致效度失真。因此，定性研究需要进行研究效度的讨论，检验有效性的主要方法有三角矫正和成员检视两种。本书选用成员检视的方法进行有效性检验。成员检视是指将分析完的资料交给研究对象检视，以确认是否符合他的想法或经验（陈向明，2002）。本书将访谈数据的分析过程和编码结果交予 7 位受访者查看，检视结果是否与他们的看法一致，他们也提出了一定的修改意见，本书尊重他们的看法，对结果进行了相应的修正，从而保证本书的良好效度。

4.6　理论框架建构与饱和度检验

4.6.1　理论分析框架

政府网站为公众提供了信息和服务，可以说是一种资源平台，那么这样的资源平台怎样才能更好地被使用？哪些因素影响着公众对其的持续使用意向？为此，本章通过对访谈数据三个级别的编码，归纳出影响政府网站公众持续使用意向的六个因素："政府观念"、"政府网站的服务运营"、"心理感知"、"用户特征"、"政府网站的外部环境"和"人口变量"。具体来讲，第一，"政府观念"是指政府对实施政府网站服务的思维观念，包含政府信息化思维、政府重视度、服务型政府观念三个子类属。第二，"政府网站的服务运营"是指政府对政府网站服务运营的管理和保障以及对政府网站的设计、开发、维护和优化，它包含政府网站的服务运营、服务质量、信息质量和系统质量四个子类属。第三，"心理感知"是指用户对使用政府网站获得所需服务的过程和结果的心理感受，包括便捷性感知、有用性感知、信任感知、安全性感知、成本感知、可替代性感知、满意度。第四，"用户特征"反映了政府网站用户的计算机操作水平、行为习惯及他们自身的服务需求情况，包括个体能力、习惯和用户需求三个子类属。第五，"政府网站的外部环境"是指政府、政府网站的服务运营以及公众所处的外界客观环境，它包含替代性资源、主观规范、基础设施、经济环境和法制环境五个子类属。第六，"人口变量"包含人口统计学变量一个子类属，指的是公众的性别、年龄、学历、职业和政治面貌等基本特征。

从六个核心类属与政府网站持续使用意向的关系来讲，核心类属"心理感知"、"用户特征"和"人口变量"是影响政府网站公众持续使用意向的直接因素，其余三个核心类属均对持续使用意向产生间接影响。究其主要原因，本书认为公众对政府网站的持续使用意向是由自身的习惯和需求状况，以及在使用过程中的心理感受而决定的。"政府观念"、"政府网站的服务运营"和"政府网站的外部环境"三个核心类属作为客观因素，并不能直接影响公众的行为意向。具体来讲，第一，公众对政府网站的需求越丰富或越强烈，习惯于上网获取信息或服务、对先前使用政府网站的心理感知越好，他们将更愿意继续使用政府网站。第二，"用户特征"作为公众自身的属性，其必然会对公众的"心理感知"产生影响；而"心理感知"作为公众在使用政府网站过程中的一种感受，其必然也受到"政府网站的服务运营"的直接影响。第三，政府网站建设的初衷就是为公众服务，因此，"政府网站的服务运营"需要考虑"用户特征"情况。另外，政府作为服务提供方，"政府观念"也会影响"政府网站的服务运营"。第四，"政府网站的外部环境"作为外界客观环境，影响着"政府观念"、"政府网站的服务运营"、"心理感知"和"用户特征"。由此，本章初步构建了影响政府网站公众持续使用意向的理论分析框架（图4-3）。

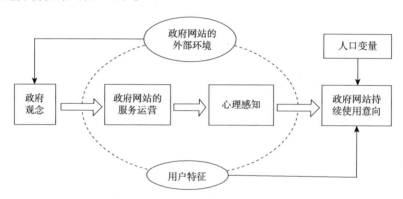

图4-3　影响政府网站公众持续使用意向的理论分析框架

4.6.2　理论饱和度检验

Glaser（2001）认为饱和不是一而再地看到同一模式，而是将事件资料对照之后的概念化，并且这些事件资料产生了模式不同的属性后，没有模式的新属性出现。由此产生了概念密度，在被整合进假设中时，概念密度构成了理论完整性的扎根理论的主要部分（莫寰，2013）。卡麦兹（2009）认为当搜集新鲜数据不再能产生新的理论见解时，也不再能揭示核心理论类属新的属性时，类属就"饱和"了。结合前人对理论饱和的观点认识和经验总结，本书在进行理论饱和度检验时，检验者带着"在数据内部和类属之间进行了怎样的比较""这些比较是如何解释类属的""有没有其他的方向，如果有，会产生怎样的新的概念关系"这样三个问题进行检验。最终通过对访谈数据和已有研究文献的反复比较分析，没有发现新的概念关系出现，本书认为所建构的理论模型是饱和的。

4.7　本章小结

本章运用扎根理论研究方法，通过对访谈数据的扎根分析，探讨公众对政府网站持续使用意向的影响因素。通过开放式编码、主轴编码和选择性编码等步骤，得到影响政府网站公众持续使用意向的因素有人口变量、心理感知、政府网站的服务运营、政府观念、用户特征和政府网站的外部环境，并发现心理感知是政府网站持续使用意向的直接影响因素，政府网站的服务运营、政府观念、人口变量、用户特征和政府网站的外部环境间接影响持续使用意向。基于此，构建出政府网站公众持续使用意向的理论分析框架，可以发现，与已有的理论模型相比，政府观念、政府网站的外部环境是新发现的理论因素，这也反映出政府网站的持续使用问题应基于各国自身的现实环境进行探究。

第5章 政府网站公众持续使用意向理论框架的定量研究

本书通过扎根理论构建了政府网站公众持续使用意向的影响因素理论框架，为了增强理论的佐证力度，本章将以构建的理论框架为基础，提出研究假设，并对研究假设模型进行定量的验证分析。通过这种混合方法的研究，来避免定性研究无法验证的局限，弥补定量研究的视野碎片化，从而得出更具有理论性和说服力的政府网站公众持续使用意向影响因素模型。

具体来讲，本章属于实证性定量研究，收集研究数据是其中的重要一环。在数据收集的方法选择上，考虑到问卷调查法是管理学定量研究中最为普遍的数据采集方法，且具有如下特点：①它是一种快速有效的数据收集方法；②问卷调查对调查者的干扰较小，因而比较容易得到被调查者的支持，可行性高；③问卷调查成本低廉，是实地研究中最经济的收集数据的方法；④有关人的看法、信心、感知、态度和意愿等较高层次的心理变量最适合通过设计问卷来探测其强度（蒋骁等，2010a）。本书所研究的公众持续使用意向正是属于心理变量这一范畴，因而，运用问卷调查法可以方便快捷地收集到能够较好地反映公众行为意向、心理感知等心理情况的研究数据。基于此，本章采用问卷调查法采集研究数据，然后应用相关分析、SEM 等统计分析方法进行定量验证。

5.1 研究假设提出

根据第 4 章的定性分析，共得到政府网站的外部环境、用户特征、政府观念、政府网站的服务运营、心理感知和人口变量六个影响因素。其中，政府网站的外部环境作为政府、政府网站的服务运营以及公众所处的外界客观环境，会对用户特征、政府观念、政府网站的服务运营和公众的心理感知产生正向影响。基于此，提出假设 $H_1 \sim H_4$。

H_1：政府网站的外部环境对用户特征具有正向影响作用。

H_2：政府网站的外部环境对政府观念具有正向影响作用。

H_3：政府网站的外部环境对政府网站的服务运营具有正向影响作用。

H_4：政府网站的外部环境对心理感知具有正向影响作用。

用户特征涵盖用户对政府网站的需求和使用习惯及其个体能力，因而政府网站需要根据用户特征情况进行服务运营，并且，用户的特征也会正向影响公众的心理感知和持续使用意向，由此提出假设 H_5~H_7。

H_5：用户特征对政府网站的服务运营具有正向影响作用。

H_6：用户特征对心理感知具有正向影响作用。

H_7：用户特征对政府网站持续使用意向具有正向影响作用。

政府作为政府网站的建设者和运营者，政府观念必然会对政府网站的服务运营产生影响。政府的服务型观念和信息化思维越强，重视度越高，越有利于政府网站的服务运营。因此提出假设 H_8。

H_8：政府观念对政府网站的服务运营具有正向影响作用。

政府网站的服务运营是政府网站正常运行和提供有效服务的基础。政府网站所提供的服务质量、信息质量和系统质量等越好，公众的心理感知也会越好。从而，提出假设 H_9。

H_9：政府网站的服务运营对心理感知具有正向影响作用。

政府网站作为一个信息系统，公众的心理感知直接影响着其对政府网站的持续使用意向，即公众的心理感知越好，就会更愿意继续使用政府网站。所以，提出假设 H_{10}。

H_{10}：心理感知对政府网站持续使用意向具有正向影响作用。

人口变量包含性别、年龄、学历、职业、政治面貌等方面。从访谈的数据中可以发现，人口变量不同的公众，其对政府网站的持续使用意向也不尽相同，因而提出以下假设。

H_{11}：公众的人口变量对政府网站持续使用意向具有影响作用。

H_{11-1}：公众的性别对政府网站持续使用意向有影响。

H_{11-2}：公众的年龄对政府网站持续使用意向有影响。

H_{11-3}：公众的学历对政府网站持续使用意向有影响。

H_{11-4}：公众的职业对政府网站持续使用意向有影响。

H_{11-5}：公众的政治面貌对政府网站持续使用意向有影响。

综合上述研究假设，构建出公众持续使用政府网站的研究假设模型（图 5-1）。

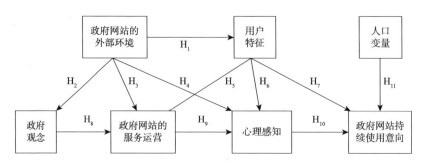

图 5-1　公众持续使用政府网站的研究假设模型

5.2　问卷设计

5.2.1　研究变量及定义

从前文构建的研究假设模型可知，本书的研究变量共有 7 个。其中，自变量为政府网站的外部环境、用户特征、政府观念、政府网站的服务运营、心理感知和人口变量。笔者根据前文定性分析的结果，对 6 个自变量进行定义；因变量为政府网站持续使用意向，笔者参考 Bhattacherjee（2001）的研究成果，并结合本书的具体情况，对持续使用意向进行定义，如表 5-1 所示。

表 5-1　变量定义

研究变量	定义
心理感知	公众感受到政府网站的有用性、便利性、安全性、可替代性、使用成本、信任和满意程度
政府网站的服务运营	政府网站服务运营的组织保障，各部门信息与资源的协同程度，政府网站的创新扩散程度及网站信息、服务、系统质量情况
政府观念	政府的信息化思维、服务观念，以及对政府网站的重视度
用户特征	用户自身的习惯、计算机操作能力和对政府网站的需求情况
政府网站的外部环境	目前的经济、法制、网络基础设施现状和可替代方式，以及公众工作生活所处的人际环境
人口变量	包含公众的性别、年龄、学历、职业、政治面貌，代表公众的自身情况
政府网站持续使用意向	公众在未来较长一段时间持续关注和使用政府网站的意愿

5.2.2　问卷设计流程

高质量的问卷能保障所采集的数据的可靠性和有效性，因此，在采用问卷调查法进行数据收集前，笔者参考韩啸（2016）发放问卷设计的流程（图 5-2），严格遵循流程中的步骤设计调查问卷。首先，根据调查目的和需测量的变量，阅读相关文献，在此基础上结合前文扎根理论分析的结果归纳总结初始的测量量表。其次，通过讨论的方法对初始测量量表进行修改，形成更完善的问卷。最后，发放一定量的问卷进行预调查，检验问卷的信度与效度，对问卷进行第二轮修改，形成可大量发放的正式问卷。

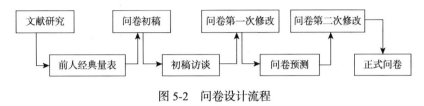

图 5-2   问卷设计流程

5.2.3   问卷初稿设计

本书研究的调查问卷分为个人基本信息测量和变量测量两个部分。第一部分是对被试者的人口基本信息进行调查，由 5 个题项构成，包括性别、年龄、学历、职业、政治面貌；第二部分是对其他 6 个研究变量进行测量，变量的操作化是在参考前人研究文献的基础上，结合本书的研究目的和前文定性分析的资料而进行的，如表 5-2 所示。然后采用利克特五级量表作为题项的测量方法，其中，"1"代表非常不同意，"2"代表不同意，"3"代表不确定，"4"代表同意，"5"代表非常同意。

表 5-2   变量的操作化定义

变量	操作化定义	参考来源
用户特征	我可以很容易地操作计算机	黄贺方（2012）；薛莹（2013）；王曦婕（2016）
	我可以顺利浏览和获取各种网站上的信息	
	我每天都会上网	
	我习惯于上网查询我所需要的信息	
	浏览政府网站已经成为我上网的一部分	
	我希望政府网站能够提供丰富的服务功能	
	如果政府网站的服务功能健全，我会积极使用	
政府网站的外部环境	我所在城市的经济发展较快，人们生活水平较高	张明明（2014）；陈云（2015）；刘永军（2015）
	政府网站的建设有相应的法律和安全技术法规	
	据我所知，我周围有许多人在使用政府网站	
	我生活的地区网络基础设施发达，人们在家里、单位或公共休闲场所普遍能上网	
	通过其他方式也能获得政府网站所提供的信息或服务（如通过政务大厅或电话进行咨询，通过政务微博、政务微信、政务公告栏获取信息等）	
	我有亲戚或朋友对使用政府网站持较好的评价	
	我有亲戚或朋友建议我使用政府网站	

续表

变量	操作化定义	参考来源
政府观念	政府正努力为人们提供更好的服务	倪连红（2008）；部分自编
	政府是以公众和社会的利益为中心来提供网上服务的	
	政府很重视并倡导人们使用政府网站	
	对于人们在政府网站上办理的事务，政府承认其有效性	
政府网站的服务运营	政府为政府网站的服务运营建立了相应的机构和服务管理机制	杨显宇（2013）；项玥（2015）；陈云（2015）；部分自编
	政府为政府网站的服务运营投入了相应的人力、财力、物力	
	政府网站上各服务部门相互支持与配合、共享信息资源	
	政府通过多渠道（如报纸、电视、网络等）宣传政府网站	
	政府网站是根据人们的需求来提供服务的	
	政府网站即时响应我提出的问题和意见	
	政府网站的信息准确	
	政府网站的信息是及时更新的	
	政府网站的信息能满足我的需要	
	政府网站的信息丰富且具体	
	在网速正常的情况下，政府网站可以很快打开且运行稳定、浏览顺利	
	在不同的浏览器上，都可以顺利使用政府网站	
	政府网站页面简单清晰，具有清楚的导航设置	
心理感知	政府网站可以为我提供有用的信息或服务	钱丽丽（2010）；钟春芳（2011）；杨显宇（2013）；张明明（2014）；徐美心（2014）；何檀（2014）
	政府网站可以提高我的办事效率	
	总体来说，我认为使用政府网站对我是有用的	
	对于我来说，学习使用政府网站是容易的	
	我在政府网站上可以方便地查找到操作指南、办事流程	
	总体来说，使用政府网站是简单容易的	
	与去政务大厅现场办事相比，使用政府网站获取信息或服务节约了打印、复印等办事费用	
	与去政务大厅现场办事相比，使用政府网站获取信息或服务节约了办事时间	
	我认为使用政府网站的过程中我的信息不会被泄露	
	互联网有良好的安全保护技术，能让我放心使用	
	我对依靠政府来完成某些事情非常有信心	
	我信任政府网站上提供的信息和服务	
	政府网站是值得信赖的	
	与其他平台（如政务微信、政务微博）相比，政府网站代表的形象是不可替代的	
	对于我来说，运用其他方式（如政务微信、政务微博）来代替使用政府网站获取信息或服务是困难的	
	政府网站的信息或服务令我满意	
	我使用政府网站的感受比我的预期更好	
	与使用其他方式（如政务大厅、政务微信、政务微博、政务公告栏、报纸等）相比，我对使用政府网站更加满意	
	总体来说，使用政府网站让我感觉很满意	

变量	操作化定义	参考来源
政府网站持续使用意向	未来我打算继续使用政府网站	项玥（2015）；梁洁珍（2016）
	未来我打算继续使用政府网站，至少以目前这样的频率	
	未来我愿意继续使用政府网站而不是其他可替代的方式	

5.2.4　问卷初次修改

在得到初始问卷后，为了进一步保证其内容效度，以及问卷的可读性，笔者首先咨询了熟悉该领域的专家，请他们仔细审读问卷，提出修改建议；其次，对问卷进行相应的修改以后，再请一些潜在的受访对象阅读问卷，并针对问项的含义、表述的流畅性和可理解性，和他们一起讨论，在此过程中获得了一些修改建议，根据建议进行调整后得到可用于预调查的问卷。

5.2.5　问卷二次修改

为了进一步保证调查问卷的可靠性和有效性，笔者将第一次修改后的问卷进行预调查，测试问卷的信度和效度。本次预调查的数据通过网络调查的方式进行采集：首先借助问卷星平台，设计好调查问卷；其次将问卷链接发放给使用过政府网站的公众，并请求他们进行扩散，最终共回收问卷 144 份。笔者在仔细阅读这些数据后，删除其中 4 份各题项答案均为相同数据（如回答全部选择不确定或比较同意）且回答时间明显太短的答卷，得到有效问卷 140 份。

针对这 140 份答卷，本书采用 Cronbach's α 信度系数法检验问卷的信度，如表 5-3 所示，表中各变量整体的 α 值在 0.805 到 0.939 之间。根据 Nunnally（1978）的观点"通常情况下，α 值大于 0.60，问卷信度可以接受"，可知各变量的信度，均符合要求。然后，比较变量各题项的项已删除的 Cronbach's α 值与相应变量的 Cronbach's α 值的大小，可以发现如果删除变量"用户特征"的第 5 题和"政府网站持续使用意向"的第 3 题，对应的变量的 α 值明显增大，删除"政府网站的外部环境"的第 4 题，对应变量的 α 值变大，且该题项的校正的项总计相关性较小，因此，本书在问卷第二次修改阶段，删除上述 3 个题项。随后，本书运用 KMO 和 Bartlett 球形度检验测量问卷数据的效度，从表 5-4 可知，预调查数据的 KMO 值为 0.850，大于 KMO 值的接受标准 0.70，且 Bartlett 球形度检验得到的显著度为 0.000，表明本书研究的所有变量均具有较好的效度。综上，最终形成本书的正式调查问卷。

表 5-3　问卷预调查的信度检验

变量	题项	校正的项总计相关性	项已删除的 Cronbach's α 值	变量整体的 Cronbach's α 值	项数
用户特征	1	0.729	0.779	0.827	7
	2	0.696	0.784		
	3	0.742	0.775		
	4	0.751	0.777		
	5	0.035	0.899		
	6	0.649	0.792		
	7	0.616	0.797		
政府网站的外部环境	1	0.515	0.784	0.805	7
	2	0.619	0.767		
	3	0.618	0.764		
	4	0.369	0.807		
	5	0.597	0.769		
	6	0.592	0.769		
	7	0.494	0.792		
政府观念	1	0.741	0.817	0.863	4
	2	0.747	0.810		
	3	0.717	0.823		
	4	0.650	0.851		
政府网站的服务运营	1	0.682	0.918	0.924	13
	2	0.616	0.920		
	3	0.705	0.917		
	4	0.620	0.920		
	5	0.764	0.915		
	6	0.687	0.918		
	7	0.654	0.919		
	8	0.697	0.917		
	9	0.689	0.917		
	10	0.753	0.915		
	11	0.628	0.920		
	12	0.510	0.924		
	13	0.674	0.918		

续表

变量	题项	校正的项总计相关性	项已删除的 Cronbach's α 值	变量整体的 Cronbach's α 值	项数
心理感知	1	0.645	0.936	0.939	19
	2	0.669	0.935		
	3	0.631	0.936		
	4	0.552	0.937		
	5	0.682	0.935		
	6	0.698	0.935		
	7	0.734	0.934		
	8	0.682	0.935		
	9	0.556	0.938		
	10	0.579	0.937		
	11	0.662	0.935		
	12	0.725	0.934		
	13	0.745	0.934		
	14	0.642	0.936		
	15	0.513	0.939		
	16	0.676	0.935		
	17	0.656	0.935		
	18	0.631	0.936		
	19	0.666	0.935		
政府网站持续使用意向	1	0.809	0.729	0.859	3
	2	0.820	0.717		
	3	0.594	0.921		

表 5-4 问卷预调查的 KMO 和 Bartlett 球形度检验结果

KMO 和 Bartlett 球形度检验		
取样足够度的 KMO 度量		0.850
Bartlett 球形度检验	近似卡方	4 968.104
	df	861
	Sig.	0.000

5.3　正式问卷的发放与回收

为了保证问卷样本数据的质量，在正式发放问卷之前，先要确定调查的对象，考虑到本书探究的是政府网站公众持续使用意向的影响因素，因此被调查的对象需为使用过政府网站的公众。并且为了便于数据的获取和整理，正式问卷的发放仍然以网络调查的方式进行，笔者在问卷星平台上录入正式调查问卷，然后通过QQ、论坛、微信、邮箱等网络方式，将问卷链接发放给被调查者。此外，为保障被调查者属于前文所述的调查对象范围之内，本书采用滚雪球抽样法，请求被调查者将问卷扩散给他所认识的同样使用过政府网站的公众。在确定问卷调查的样本规模上，本书参照学者 Gorsuch（1983）的观点，选择发放 350~400 份问卷。最终，历时一个月（2016 年 4 月 26 日至 2016 年 5 月 25 日），共回收问卷 400 份，剔除无效问卷后，得到有效问卷 354 份，问卷有效率为 88.5%。样本数据主要来源于四川、广东、陕西、北京、上海、重庆、浙江、福建、河南等地。

5.4　数据分析

5.4.1　描述性统计分析

描述性统计分析通常被用来对原始数据资料进行直接的呈现，有助于进一步了解样本的分布情况。因而笔者运用该分析方法对有效样本的性别、年龄、学历、职业和政治面貌进行统计分析，结果如表 5-5 所示。从表 5-5 中可以发现，男性被调查者有 186 人，占 52.5%，女性有 168 人，占 47.5%，该结果与中国互联网络信息中心（2017）发布的《第 39 次中国互联网络发展状况统计报告》中公布的 2016 年中国网民男女比例（52.4∶47.6）基本一致。被调查者的年龄主要集中在 18~29 岁（占比 76.8%）和 30~39 岁（占比 13.6%），占总样本数的 90.4%。绝大多数被调查者的学历为本科、硕士及以上，共占 88.7%。被调查者的职业主要为学生（49.7%）、企业员工（20.3%）、公务员或事业单位职员（16.9%）。政治面貌以中国共青团团员和中国共产党党员居多，分别占 39.5% 和 41.2%。

表 5-5　样本数据的人口统计学分析

特征	样本数量	比例/%	特征	样本数量	比例/%
性别	354	100.0	学历	354	100.0
男	186	52.5	小学以下	0	0.0
女	168	47.5	初中	0	0.0

续表

特征	样本数量	比例/%	特征	样本数量	比例/%
年龄	354	100.0	高中/中专/技校	8	2.3
18 岁以下	2	0.6	大专	32	9.0
18~29 岁	272	76.8	本科	198	55.9
30~39 岁	48	13.6	硕士及以上	116	32.8
40~49 岁	8	2.3	职业	354	100.0
50~59 岁	20	5.6	学生	176	49.7
60 岁以上	4	1.1	企业员工	72	20.3
政治面貌	354	100.0	公务员或事业	60	16.9
中国共产党党员	146	41.2	单位职员		
中国共青团团员	140	39.5	自由职业	14	4.0
其他党派成员	2	0.6	其他	32	9.1
群众	66	18.6			

注：表中有个别数据相加不等于 100%，是因为四舍五入

5.4.2　信度与效度检验

为了对数据进行合理、有效的分析，本书选取 SPSS 20.0 软件对数据进行信度和效度分析。信度是指问卷的可信程度，体现了检验结果的一致性和稳定性。本书采用 Cronbach's α 信度系数法来测量问卷的信度，结果如表 5-6 所示。所有变量的 α 系数均大于 0.7，因此问卷的各测度项具有良好的可靠性。随后本书运用 KMO 和 Bartlett 球形度检验测量问卷的效度。从表 5-7 的数据可知，本书采用的问卷样本数据的 KMO 值为 0.920，大于 KMO 值的接受标准 0.70，且 Bartlett 球形度检验得到的显著度为 0.000，表明问卷的所有变量均具有较好的效度。因此，本书研究的问卷数据具有良好的信度和效度，适宜进行下一步分析。

表 5-6　问卷总量表信度值

变量名称	α 系数
政府网站持续使用意向	0.928
心理感知	0.871
政府网站的服务运营	0.886
政府观念	0.830
用户特征	0.804
政府网站的外部环境	0.734

5-7　KMO 和 Bartlett 检验表

KMO 和 Bartlett 的检验		
取样足够度的 KMO 度量		0.920
Bartlett 球形度检验	近似卡方	6 730.491
	df	325
	Sig.	0.000

5.4.3　各因素与其影响因素之间的关系分析

1. 相关分析

相关分析是对各变量之间是否存在依存关系进行检验，并探讨具有依存关系的变量之间的相关方向及相关程度的一种统计分析方法（严星，2014）。常用的相关系数有 Pearson 相关系数、Kendall 的 tau-b（K）相关系数和 Spearman 相关系数三种。由于心理感知、用户特征、政府网站的服务运营、政府网站的外部环境和政府观念均为连续型变量，而 Pearson 相关系数适用于对连续型变量之间的线性相关关系进行度量，因此在分析上述几个变量之间的关系时本书采用 Pearson 相关系数法。

（1）心理感知与其影响因素的相关分析。

表 5-8 显示的是心理感知与其影响因素的相关分析结果，由表可知，心理感知与政府网站的服务运营、政府网站的外部环境、用户特征之间的 Sig.值均为 0.000，Pearson 相关性系数分别为 0.726、0.589 和 0.412，这说明政府网站的服务运营、政府网站的外部环境、用户特征与心理感知均存在显著的正向相关关系。因而，可以初步判断，假设 H_4、H_6、H_9 成立。

表 5-8　心理感知与其影响因素的相关分析结果

心理感知		
政府网站的服务运营	Pearson 相关性	0.726
	显著性（双侧）	0.000
	N	354
政府网站的外部环境	Pearson 相关性	0.589
	显著性（双侧）	0.000
	N	354
用户特征	Pearson 相关性	0.412
	显著性（双侧）	0.000
	N	354

（2）政府网站的服务运营与其影响因素的相关分析。

政府网站的服务运营与政府网站的外部环境、用户特征、政府观念的相关分析结果如表 5-9 所示。根据表 5-9 中的 Sig.值和 Pearson 相关性系数，可知政府网站的服务运营与政府网站的外部环境、用户特征、政府观念均具有正向相关关系。由此，可以初步判断，假设 H_3、H_5、H_8 成立。

表 5-9　政府网站的服务运营与其影响因素的相关分析结果

政府网站的服务运营		
政府网站的外部环境	Pearson 相关性	0.650
	显著性（双侧）	0.000
	N	354
用户特征	Pearson 相关性	0.259
	显著性（双侧）	0.000
	N	354
政府观念	Pearson 相关性	0.775
	显著性（双侧）	0.000
	N	354

（3）政府观念与其影响因素的相关分析。

由表 5-10 的相关分析结果可以得出，政府观念与政府网站的外部环境之间的显著性系数等于 0.000，Pearson 相关系数等于 0.683。据此，可以初步判断，政府观念与政府网站的外部环境存在正向相关关系的假设成立。

表 5-10　政府观念与其影响因素的相关分析结果

政府观念		
政府网站的外部环境	Pearson 相关性	0.683
	显著性（双侧）	0.000
	N	354

（4）用户特征与其影响因素的相关分析。

根据用户特征与政府网站的外部环境的相关分析结果（表 5-11），可以得出用户特征与政府网站的外部环境之间具有正向相关关系。基于此，可以初步判断，假设 H_1 成立。

表 5-11　用户特征与其影响因素的相关分析结果

用户特征		
政府网站的外部环境	Pearson 相关性	0.522
	显著性（双侧）	0.000
	N	354

2. 最佳尺度回归分析

考虑到政府网站公众持续使用意向的影响因素中心理感知、用户特征属于连续型变量，而人口变量却包含性别、学历、职业等多个分类数据，所以在分析政府网站持续使用意向与其影响因素的关系时不能简单地采用相关分析。对此，本书采用最佳尺度回归分析方法来进行检验。原因有二：①最佳尺度回归作为回归分析的一种方法，可以检验出变量之间的依存关系；②最佳尺度回归擅长将分类变量不同取值进行量化处理，从而将分类变量转换为数值型数据进行分析，能大大提高对变量之间关系的检验能力。

基于此，通过最佳尺度回归分析，得到政府网站持续使用意向与其影响因素的分析结果如表 5-12~表 5-14 所示。从表 5-12 可以看出，不论转换前还是转换后各变量的容差均在 0~1，说明各变量之间不存在多重共线性的问题。此外，由表 5-13 可知，心理感知的 Sig.=0.000、用户特征的 Sig.=0.000、性别的 Sig.=0.759、年龄的 Sig.=0.003、学历的 Sig.=0.000、职业的 Sig.=0.000 和政治面貌的 Sig.=0.295，其中性别和政治面貌的显著性概率值大于 0.05，因此得出心理感知、用户特征、年龄、学历、职业对政府网站持续使用意向的影响作用显著，而性别、政治面貌与政府网站持续使用意向之间的关系不显著。

表 5-12　以持续使用意向为因变量的回归分析的相关性和容差表

指标 自变量	相关性			重要性	容差	
	零阶	偏	部分		转换后	转换前
心理感知	0.716	0.680	0.598	0.790	0.862	0.801
用户特征	0.392	0.285	0.192	0.141	0.841	0.784
性别	0.010	0.013	0.008	0.000	0.989	0.981
年龄	0.110	0.159	0.104	0.024	0.701	0.660
学历	0.058	0.213	0.141	0.017	0.703	0.688
职业	0.078	0.242	0.161	0.023	0.854	0.778
政治面貌	0.098	0.046	0.030	0.005	0.908	0.854

注：因变量表示政府网站公众持续使用意向

表 5-13　以持续使用意向为因变量的回归分析系数表

自变量＼指标	标准系数		df	F	Sig.
	Beta	标准误差的 Bootstrap（1000）估计			
心理感知	0.644	0.043	6	223.819	0.000
用户特征	0.209	0.046	4	20.392	0.000
性别	0.008	0.027	1	0.095	0.759
年龄	0.124	0.057	3	4.844	0.003
学历	0.168	0.048	3	12.189	0.000
职业	0.174	0.044	4	15.762	0.000
政治面貌	0.031	0.028	3	1.242	0.295

注：因变量表示政府网站公众持续使用意向

表 5-14　以持续使用意向为因变量的回归分析模型汇总表

多 R	R^2	调整 R^2	明显预测误差
0.764	0.583	0.553	0.417

注：因变量表示政府网站公众持续使用意向；预测变量表示心理感知、用户特征、性别、年龄、学历、职业、政治面貌

如表 5-12 所示，心理感知、用户特征、年龄、学历和职业的重要性值分别等于 0.790、0.141、0.024、0.017 和 0.023，从数值的大小可知心理感知对政府网站持续使用意向的影响作用最强。从表 5-14 可以得出，该模型对持续使用意向的解释程度为 58.3%，并且在考虑样本量和自变量个数的情况下，模型的解释力仍达到 55.3%，解释效果较理想。由此，得到回归方程：政府网站持续使用意向=0.644×心理感知+0.209×用户特征+0.124×年龄+0.168×学历+0.174×职业。

综上，可以判断出，心理感知、用户特征对政府网站公众持续使用意向的正向影响的假设成立。而由于人口变量中仅有年龄、学历、职业对政府网站公众持续使用意向有影响的假设成立，因此本书认为人口变量对政府网站公众持续使用意向的假设部分成立。

5.4.4　结构方程模型分析

通过上文分析，可以发现除人口变量与政府网站公众持续使用意向的假设未得到验证以外，其余假设已初步得到证明。但是，上文进行的关系分析仅仅是对因素与其影响因素之间的关系检验，并未从整体的角度来考量模型中各变量的相互作用情况，因而就可能存在其他变量的间接影响使原本直接相关联的变量之间的关系发生变化的情况。因此，就需要一种从整体性视角检验研究假设模型的方法。

SEM 是将各变量之间的关系用线性方程来系统表示的统计分析方法（郑大庆等，

2014），它通过建立、估计和检验因果关系模型，来对多变量之间的交互关系进行定量分析，对传统线性相关分析和回归分析中的一些缺陷进行了良好的改进，在行为科学研究领域已被成熟地应用于整体模型的检验。因此，本书采用 SEM 来进一步检验研究假设。但需要指出的是，由于人口变量中包含的指标数据繁杂，其与政府网站持续使用意向的影响关系已通过最佳尺度回归分析进行了检验，且检验结果为部分成立，因而在 SEM 分析中，未将人口变量这一因素纳入整体模型中。

1. 模型拟合分析

模型拟合分析是指通过一些适配度指标（绝对适配指标、增值适配指标和简约适配指标）来评价假设的路径分析模型图与搜集的数据是否相互匹配，体现假设的理论模型与实际数据的一致性程度的方法。本书首先应用 AMOS 21.0 软件测量数据的拟合程度，拟合度达标后再验证模型的合理性和假设是否成立。

如表 5-15 所示，整体模型适配度检验的卡方值在自由度等于 1 时为 0.523，显著性概率值 $P=0.666$，未达到 0.05 的显著水平，因此接受虚无假设，表示理论模型与样本数据之间可以进行适配。而从其他指标上看，RMR 值、GFI 值、AGFI 值、NFI 值、RFI 值、CFI 值和 RMSEA 值均达到适配标准。此外，预设模型的 AIC 值、BCC 值、BIC 值与 CAIC 值也满足小于独立模型值且同时小于饱和模型值的标准（表 5-16），表明研究模型的适配情形良好，与样本数据的拟合程度较高。

表 5-15　研究模型的绝对适配与增值适配度值

拟合指数	CMIN/DF 值	P 值	RMR 值	GFI 值	AGFI 值	NFI 值	RFI 值	CFI 值	RMSEA 值
适配标准	<3	>0.05	<0.05	>0.90	>0.90	>0.90	>0.90	>0.90	<0.05
本模型值	0.523	0.666	0.010	0.999	0.990	0.999	0.994	1.000	0.000

表 5-16　研究模型的简约适配度值

模型	AIC 值	BCC 值	BIC 值	CAIC 值
预设模型	37.569	38.297	107.216	125.216
饱和模型	42.000	42.850	123.255	144.255
独立模型	1 393.302	1 393.545	1 416.518	1 422.518

2. 结构方程模型检验

在通过模型拟合度检验后，对研究模型进行验证性因素分析（confirmation factor analysis，CFA）。从 SEM 的检验结果可以看出，除了假设 H_4 没有通过验证以外，其余的 9 个研究假设均得到检验（图 5-3）。对于假设 H_4，本书认为，用户的特征越丰富，即用户的需求越多、个体能力越参差不齐、习惯越不同，导致政府在建设政府网站时越难以兼顾不同用户的特征，从而负向影响政府网站的服务运营。

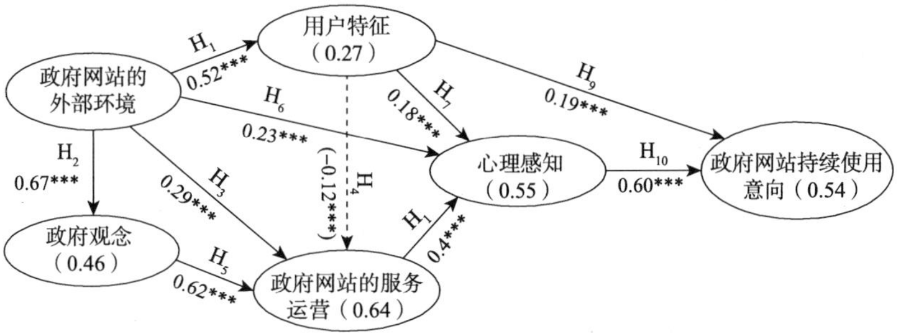

图 5-3　结构方程模型假设检验结果

***表示在0.001水平上显著相关

整个模型的内生变量被解释的程度较理想，分别为：用户特征（R^2=0.27）、政府观念（R^2=0.46）、政府网站的服务运营（R^2=0.64）、心理感知（R^2=0.55）、政府网站持续使用意向（R^2=0.54）。需要指出的是，政府网站持续使用意向被解释的变异量为 0.54，解释度较高，这在一定程度上证明了应用本模型探究政府网站公众持续使用意向的有效性。

此外，从图 5-3 中 10 条路径的标准化回归系数来看，本书得出以下结果：

（1）假设 H_1、H_2、H_3、H_5、H_6、H_7、H_8、H_9、H_{10} 均得到验证。虽然假设 H_4 未成立，但是得出用户特征对政府网站的服务运营产生负向影响作用。

（2）政府网站的外部环境对用户特征和政府观念的路径系数分别为 0.52 和 0.67，说明用户特征和政府观念受政府网站的外部环境的正向影响作用均较强。

（3）对于政府网站的服务运营来说，政府网站的外部环境和政府观念都对其产生显著正向影响，用户特征对其有显著的负向影响，它们之间的路径系数的绝对值分别为 0.29、0.62 和 0.12，说明政府观念的影响作用更加显著。同理，虽然政府网站的外部环境、政府网站的服务运营和用户特征均对心理感知有显著正向影响，但政府网站的服务运营的影响作用相对更强。另外，心理感知对政府网站持续使用意向的影响作用也强于用户特征对政府网站持续使用意向的影响。

（4）根据路径系数计算得到各自变量对政府网站持续使用意向的影响效果值：心理感知的影响效果值=0.60；用户特征的影响效果值=0.19+0.18×0.60+（−0.12）×0.40×0.60=0.27；政府网站的服务运营的影响效果值=0.40×0.60=0.24；政府观念的影响效果值=0.62×0.40×0.60=0.15；政府网站的外部环境的影响效果值=0.67×0.62×0.40×0.60+0.29×0.40×0.60+0.23×0.60+0.52×0.18×0.60+0.52×0.19=0.46[①]。由影响效果值的大小可以看出，心理感知对政府网站持续使用意向的影响

---

① 此处数值进行过舍入修约，因此可能并不等于实际计算结果。

效果最强。

5.5 政府网站公众持续使用意向的主要影响因素

通过第 4 章的定性分析和本章的定量验证，可以看出，公众年龄、学历、职业、政府观念、政府网站的服务运营、心理感知、用户特征和政府网站的外部环境共同影响公众对政府网站的持续使用意向。基于此，本书提出修正后的政府网站公众持续使用意向理论模型（图 5-4），其中"+"表示正相关，"−"表示负相关，没有符号的线条表示有影响关系。下文将对政府观念、政府网站的服务运营、心理感知、用户特征和政府网站的外部环境五个因素进行解读。

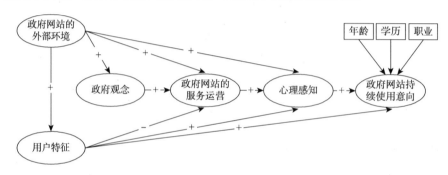

图 5-4　政府网站公众持续使用意向理论模型

5.5.1　政府观念

政府作为政府网站的建设者和服务者，其观念必然会影响政府网站的持续使用意向，它包含政府信息化思维、政府重视度、服务型政府观念三个子类属。其中政府信息化思维是指政府是否拥有通过政府网站进行信息化服务的思维方式及其思维的强度；政府重视度是指政府部门和领导对政府网站的重视程度；服务型政府观念是指政府把为公众服务作为政府网站建设、运行、发展的基本宗旨的观念。在模型中，政府观念对政府网站的服务运营有直接影响，9 号受访者说"政府领导和工作人员长期工作以来形成了认可鲜章的观念，几乎不认可电子章，很多网上事宜仍需要到现场盖章，从而影响网上业务流程的开展"，这种典型的"路径依赖"表现出政府信息化思维的薄弱，反映出网络技术的引入并没有打破制度的路径，从而对政府网站的良好服务运营有较大的限制。21 号受访者说"我们工作人员都是跟着领导走，领导重视哪一块，我们也就重视哪一块。如果领导说必须认真对待政府网站上公众的需求，为公众服好务，那么我们肯定也会更加耐心细心地去回复公众的留言，努力地为公众办好事，提升服务质量"，工作人员的办事服务态度随领导重视程度的不同而变化，形成了一种"向上负责"的办事观念，究其根源，仍然是政府服务型观念的建设未能深入人心。因此政府重视度和服务型政府观念对政府网站的服务质量有较大影响。

5.5.2　政府网站的服务运营

政府网站的服务运营包含政府网站的服务运营、服务质量、信息质量和系统质量四个子类属。子类属政府网站的服务运营为政府网站的服务提供各方面的保障支撑。例如，为政府网站的服务运营设立专门的职能结构，投入所需的人力和财力，建设相应的工作、协调、考核、激励等机制，协同相关部门的资源和业务配合，对网站进行宣传普及等。子类属服务质量、信息质量和系统质量均是政府对政府网站的建设：网站提供的服务是否考虑了用户的需求并予以满足、是否保障了用户的利益等都属于服务质量；网站提供的信息的实用性、是否全面可靠及其时效性和趣味程度等都属于信息质量；网站系统是否安全稳定、浏览器兼容性好坏程度以及用户打开链接的响应速度等都属于系统质量。从模型中可以看出，政府网站的服务运营影响用户的心理感知，49 号受访者说"刚来这座城市的时候，在建筑工地上班，有个工友不小心从二楼摔下来，摔断了腿。当时就我们几个外地的工人在场，不知道送哪家医院好，而我以前听说政府网站提供的信息很准确，所以就立即用手机登录政府网站查询关于我们城市的所有医院的信息，找到治疗骨科较好的医院然后送过去治疗。这次经历让我发现网站上面的信息非常全面，用起来也方便，让我们及时地解决了问题，我对这次使用政府网站很满意，后来有需要了解的信息或政策，我都会先通过它来查询"，从话语中可以发现，49 号受访者形成持续使用意向的最直接原因是其对网站提供的信息的全面性、有用性以及网站使用的便捷性感到满意。

5.5.3　心理感知

心理感知是指用户在使用政府网站前的心理状况以及使用过程中和过程后对所获得的服务的心理感觉，包括临场感、使用欲望、有用性感知、便捷性感知、不可替代性、信任感知、感知成本、满意度等。政府网站作为一个信息系统，对其的持续使用与否完全由用户自己决定，因此心理感知直接影响着用户对政府网站的持续使用意向。用户基于自身的心理状况和需求去访问和使用政府网站，在此过程中用户会形成一定的心理感知：网站的服务与他们的需求是否相匹配；在使用网站满足其需求的过程中形成的心理感受；使用后的满意程度；等等。22 号受访者说："我这人比较传统，上网也就看看电影、电视剧，没有想过用网络来处理与政府有关的事情，因为觉得到政府现场办事才可靠，但我这人又爱宅在家，不喜欢到处跑。有一次办理我爸妈的老年人优待证，由于时间比较紧迫，必须立即准备材料。我打电话问朋友，朋友建议我可以上政府网站查询，所以我就尝试使用政府网站查询所需要的材料，结果很容易就找到了详细的信息，后来就对政府网站比较信任，觉得它挺有用的，有事就先找它了。"

5.5.4　用户特征

用户特征包括用户自身的习惯、计算机水平和用户需求情况。用户需求是用户基于自身的情况所发展出的需求，政府对网站的服务运营必须考虑服务对象的需求是什么，然后根据服务对象的情况进行网站页面、功能等的设计和信息、服务的提供。"我觉得网站的建设发展忽视了我们百姓的情况，从来没有问过我们会不会使用，能不能使用，有什么需求，是否满足了生活所需。如果服务内容更加贴近生活，与我们自身的利益相关，我们肯定会更多地使用它的"，27 号受访者这样说道。对于用户特征与心理感知的关系，35 号受访者说"我本科专业学的是信息管理与信息系统，我认为政府网站也是一种信息系统，我觉得它的持续使用必须考虑用户的需求及提高其有用性、安全性和便利性等"；51 号受访者说"我是党员，我相信党和国家，因此我很信任政府网站"；34 号受访者说"我年龄大了，不太会使用电脑，可以说只懂最基本的开关机，就算打字、浏览网页都需要借用手写板，更不用说使用政府网站办事，我感觉好难"。此外，用户的习惯会直接影响其对政府网站的持续使用意向，因而，培养公众对政府网站的使用习惯也成为政府网站建设的一个重要议题。

5.5.5　政府网站的外部环境

政府网站的外部环境包含替代性资源、主观规范、基础设施、经济环境和法制环境五个子类属。Wang（2014）提出政府门户网站和其他信息资源获取方式之间存在着以下关系：重叠、互补、竞争和替代关系。政务发布、政务微博、电视、报纸、现场办事等替代性方式的存在，负向影响着公众对政府网站的不可替代性感知，51 号受访者说："在'互联网+'时代，微信、微博迅速发展，很多人选择使用政务微信、政务微博等新媒体，从而影响了政府网站的使用。"本书中的主观规范是指用户在人际交往中受到的来自其他人或团体的影响，它影响着用户的心理感知和需求。基础设施是指影响政府网站的建设和普及、用户使用等的客观硬件环境。法制环境对政府的观念、网站的建设和服务机制的制定以及用户的安全性感知等都产生影响。经济的发展,有利于基础设施的建设,有利于政府提升人力财力的支持力度。社会文化影响着政府的观念、政府网站的服务运营以及用户的需求和心理感知。因此,政府网站的外部环境对政府观念、政府网站的服务运营和心理感知均有影响。

5.6　本章小结

本章在第 4 章定性研究结果的基础上,构建研究假设模型,然后运用问卷调查和统计分析方法对假设模型进行实证检验。SEM 数据分析显示,模型具有较好的拟合度,除用户特征对政府网站的服务运营没有产生显著正向影响外,其余假设均通过检验。研究发现心理感知是政府网站持续使用意向的最主要影响因素,同时公众年龄、学历、职业、政府网站的外部环境、用户特征、政府网站的服务运营和政府观念会影响公众对政府网站的持续使用意向。基于此,提出中国本土化的政府网站公众持续使用意向理论模型,丰富了公众行为意向研究的理论体系。

第6章　提升政府网站公众持续使用意向的对策建议

"以需求为导向，以应用促发展"是我国政府信息化的指导原则。政府在提升公众持续使用政府网站的意向时，不仅要考虑各级政府及部门的领导决策和公共职能的需求，而且还要着眼于服务对象的现实需要，从根本上提升政府网站为民服务的效应。同时，政府网站的建设要积极引入"互联网+""数据开放"等思维，利用大数据技术分析公众需求，从而为公众提供精准化服务。通过总结定性研究的资料与结果，结合定量分析的结论，本书对政府网站建设提出以下建议：营造良好的政府网站外部环境；树立良好的政府网站服务观念；明确政府网站的用户特征；有效保障政府网站的服务运营；等等。

6.1　营造良好的政府网站外部环境

公众持续使用政府网站需要良好的外部环境，因此政府需要从基础设施、制度、文化等方面保障用户在政府网站使用过程中良好的使用体验，如制定相关法律法规制度、优化网络基础设施建设、营造良好的电子政务文化，从而提高政府网站竞争力，提升公众对网站的持续使用意向。

6.1.1　优化网络基础设施建设

人类在网络利用方面存在着明显的马太效应，即拥有较多网络资源的信息化强者在网络的发展中获得了越来越多的好处，而处于网络资源弱势地位的群体则越发边缘化，甚至被时代所抛弃。网络基础设施是公众使用政府网站的前提和基础。然而，我国部分地区网络建设落后，甚至有些地区还没有连入互联网，政府网站的使用更无从谈起，这导致政府网站的用户代表性结构失衡。因此，为了保证电子政务和政府网站的推广效果，网络基础设施建设尤为重要。一方面，政府必须加大网络信息基础设施建设投入，促使网络基础设施资源的均衡化，从基础设施供应上保障公众使用政府网站的均等化机会；另一方面，政府要积极整合可利用的公共资源。为保证多数人使用政府网站的权利，地方财政应积极负担公共网络设备的各项费用，基层组织应该建设公共网络资源，如在城市中可建设一批社区网络中心，以促进网站在基层社区的普及。同时，政府应根据地区情况严格控制网络运营部门的定价，针对网络普及率低的地区给予相应的优惠措施，降低网络注册与使用的费用，促进网络使用普及率的提高，从而提高政府网站的公众使用率。

6.1.2　推进平台的制度建设

政府网站是一个全面及时的信息公开平台、丰富实用的知识普及宣教平台、权威易懂的政策发布解读平台、便捷高效的服务集成平台、引导舆论和回应关切的互动交流平台。现阶段，为了保障政府网站发挥应有的效应，政府应着眼于政府网站的制度建设。首先，政府应建立信息保障机制，其中包括健全完善信息发布制度，建立健全平台信息公开的主体、内容、方式、时限、监督和责任追究机制，提高信息发布的规范性和时效性，完善各部门共同办站的运维机制；其次，政府应明确信息保障责任，健全落实专人负责制，建立从部门到处（科）室再到个人的内容保障机制，保证平台内容维护及时有效；最后，政府应出台相关的法律法规，优化公众使用政府网站的外在环境。政府应该宣传、普及、解释相关法律法规，让公众意识到享受政府网站所带来的服务与功能，既是公众享受参与和言论自由的权利，也是公众需要依法履行的相应义务。在政府网站使用过程中，公众对违规使用行为需要承担相应的责任，因此公众需要严格规范自身行为，在相关的法律法规的框架内发挥政府网站应有的效应。

6.1.3　营造良好的电子政务文化

随着互联网技术的不断发展，我国各地区的政府网站得到较好发展，但由于城乡发展条件、知识水平的差异，公众通过网站参政、问政的文化氛围差异明显。因此，政府应积极营造公众热爱网络、使用电子政务服务的文化氛围，为政府网站的运行提供切实有效的用户支持，同时也为政府网站的使用提供必要的知识支撑。首先，政府应加强政府网站的推广活动，增强各地区的网络用户对政府网站的认知，让未使用政府网站的用户了解网站，让使用过政府网站的用户对网站更加信任。其次，政府要加强各地区信息技术使用的教育，特别是落后地区的大学及中小学网络教育建设。在学校教育中，政府应积极引导学校将信息系统、网络技术等设为素质公开课，配备高水平的专业团队展开教学工作；在社会教育中，政府要利用多方力量，通过多样化的渠道实施政府网站的普及工作。特别是在农村和经济发展落后的地区，政府要借力于完善的教育体系，形成学网络、懂网络、用网络的良好风气，从而让更广泛的人群积极使用政府网站。最后，非理性网络参与行为是营造良好电子政务文化的阻碍因素，政府应提倡公众发挥理性参与的精神，引导公众厘清自身使用政府网站的权利与义务，营造公众言之有责的舆论氛围和行动准则，最终使公众以成熟且负责任的态度使用政府网站。

6.2　树立良好的政府网站服务观念

随着云计算、大数据、物联网等新一代信息技术的不断发展，互联网与传统产业相结合，产生了很多新鲜事物，促进了许多新兴产业的发展，与此同时，"互联网+政务服务"应运而生。我国政府网站的建设发展迅速，目前从中央到地方各级政府大都建立了门户网站。政府网站展现出的信息发布权威、传递民意有效等特征，使政府网站逐渐受到公众的认可。公众在持续使用政府网站的过程中，非常重视该平台的服务水平，尤其是政府网站是否能满足自身的信息获取、意见表达等需求。因此，政府要树立正确的观念，即形成政府网站的服务理念。在"互联网+"的观念下，政府应该强化服务型政府观念，提高对政府网站的重视度，强化政府网站的信息发布、在线办事、互动回应等服务的有效性；同时，政府应该认同网上办事服务与现场办事服务的同等效力，提升工作人员的信息化思维程度。

6.2.1　形成"互联网+"思维下的整合性服务观

"互联网+政务"为政府治理现代化提供了强大的支持。在"互联网+"的思维下，各级政府要依托政府网站，丰富政务服务内容，加速构建全方位、有效便捷的互联网政务服务平台。同时，政府网站作为政府部门对外服务的窗口，是"互联网+政务"服务的重要入口和集结地，因而如何将政府网站赋予"互联网+"的真实内涵尤为重要。首先，政府要变革体制和机制，打破传统的思维定式，消除政府网站服务的制度性障碍，为政府网站建设创造体制机制条件。其次，政府应意识到"互联网+"时代信息融合的重要性，借助政府网站的平台，实现各个部门的业务融合与协同，避免形成各自为政、信息孤岛等问题。最后，政府需要完善网站的顶层设计，一方面勇于向公众提供公共数据资源；另一方面更要支持公众享有公共服务资源。各级政府要在顶层设计的大框架下，针对公众需求整合政务信息资源，将大量关于民生的政务服务内容，集中反映在政府网站的平台上，并且各级政府要利用网站平台创新政务服务模式，开发基于用户兴趣聚类的"互联网+"政务服务系统，从而转变政府网站服务的顶层设计理念。

6.2.2　引入数据开放的发展观念

在开放政府数据的大趋势下，政府网站被视为政府信息公开的第一平台，其必须引入数据开放的思维，发布的数据、公开的信息应更具有可利用性，并进一步促进数据共享与政府透明。政府在治理过程的每时每刻都会产生大量的数据信息，这些数据信息能否被盘活、能否被有效利用和能否造福于全社会，取决于政府自身的变革。政府应该认识到，自己掌握的数据是来源于民，因而也应用之于民。有效的数据开放，不仅有利于促进公众的参与，实现服务的创新与高质供给，还可以提升政府的公信力。目前，我国政府数据开放尚处于起步阶段，虽然部分发达地区政府网站已经先行开通了政府数据服务，但是开放的数据类型和数据量还比较少。各级政府应当积极落实我国《促进大数据发展行动纲要》，深刻认识政府数据开放的重要性和必要性，积极梳理制订本级政府或本部门的数据开放计划和清单，让数据走出政府，得到更多的创新型运用，逐步构建数据服务型的政府，形成数据服务生态。

6.2.3　注重政府网站的服务质量

近年来，随着我国电子政务建设的有效推进，各级政府的门户网站在数量规模上有了大幅度提升。但是在"互联网+"时代背景下，各级政府应切实转变网站的发展观念，因为政府网站在数量提升的背后还存在隐患，各级政府在建设门户网站时还应重视质量的提高。从全国政府网站的样本数据来看，东部地区的政府网站质量好于西部地区，中央到地方的政府网站质量呈下降趋势。政府网站质量与当地的信息化程度、经济发展状况等指标息息相关，更直观地反映了当地政府对网站建设的态度积极与否，这要求各地政府要转变网站建设的心态，着眼于提高网站建设的质量，促使政府网站的服务水平有效提升。同时，在"互联网+"时代的要求下，政府要提升政府网站的公众参与水平。目前，大多数政府网站已经开设了政民互动类板块，提供了公众留言、在线访谈、民意信箱等公众参与的栏目渠道。但在实际的网站运行过程中，可以发现这些栏目渠道未能充分发挥公众参与的效应，普遍存在形式大于内涵的缺陷，虽然栏目设置得丰富美观，但实际操作的效果不尽人意。因此，各级政府要提升政府网站平台的亲民性，使其界面更加友好，操作更加简单，除此之外，政府网站要完善民意征集的回馈系统，丰富在线调查的方式，从而营造政府积极主动的网络问政氛围，激发公众获取网站服务的热情。

6.3　明确政府网站的用户特征

政府网站建设是创建服务型政府的有效手段，也是落实以人为本和全面、协调、可持续科学发展观的重要举措。从本质上说，政府网站是一种公共服务产品，公众获取和使用政府所提供的网上信息资源的过程是一种产品体验活动。因此，政府网站的建设需要重点考虑公众在使用政府网站功能时所体验到的主观感受和反应。同时，公众可以通过政府网站对公共政策和政府行为提出意见、建议和批评，养成一定的用户使用习惯，因此政府网站要通过丰富政府网站的功能属性，准确了解用户需求，培养公众积极使用政府网站的习惯，树立正确的网站使用理念。

6.3.1　了解政府网站用户的基本状况

政府网站的建设和服务的运行不能只是单向的政府供给，所谓"知己知彼，百战不殆"，显然通过预先了解用户的基本状况，如计算机水平、操作习惯、需求情况等，将促使政府网站的建设更具方向性，也更贴切用户的真实情况，从而有利于提升用户的使用率。首先，政府网站必须以用户需求为导向，开发适用于各种用户类型的多样化沟通方式。因为多样化的沟通方式可以使用户在多样化的环境中达成良好的沟通和交流，满足其使用习惯和心理需求。同时，沟通方式的多样化可以提高用户的感知行为控制，凸显政府网站对用户个体因素的关注。政府对个体因素的关注，可以更好地帮助用户感受服务的自主性，帮助用户实现自身的权利。其次，政府网站的感知易用性会影响用户的持续使用意向，因此，在完善政府网站时，一定要注重用户的使用能力和知识水平，建立符合他们的操作习惯的网站平台。政府网站需要改善网站接口及使用流程，使其简洁流畅且易用，提供更多方便有效的网站使用方式。再次，提升政府网站的相对优势。政府网站要尽可能多地考虑用户需求，给予用户专业化服务，提升网站的正规化程度，维护网站的正面形象，从而提升用户感知的相对优势。最后，增强政府网站的绩效期望。政府网站应该扩充其服务方式的种类，提供给用户尽可能多的选择机会，使其能够通过政府网站获得有效的服务。在用户获得满意的使用经历后，便会保持其继续使用政府网站的行为。

6.3.2　促使公众形成政府网站的用户角色认知

公众的积极参与是政府网站不断发展进步的关键。目前大多数公众使用政府网站仅限于浏览政务信息，在政府网站中潜水者大大多于主动发言者，导致"沉

默的螺旋"效应出现。如果不调动公众的参与热情，转变公众的参与角色，政府
网站将不能凸显应有的政治参与效果。目前，部分政府网站在引领用户参与中做
出了一些有益的尝试，通过清晰且准确地描述用户的角色状态和角色要求，增强
了用户对自身角色的认知感。从具体实践来讲，首先，各级政府应该增强公众使
用政府网站的自主性，让用户能够通过简单操作自行获取服务，真正实现政府网
站与用户在线沟通和办公处理。在经历政府网站服务体验后，用户自然会对服务
效果做出相应的评价，并逐渐明确自己在网站功能中发挥的作用，此时公众会不
由自主地持续使用政府网站，消除自己参与公共事务的无力感。其次，在实施政
府网站服务的过程中，政府应将培养公众参与意识视为网站建设的重要内容，使
公众对自身所享有的权利和义务有更深入的认识，并形成积极的参与心态，从而
激发和引导用户的需求，提高政府网站利用率。

6.3.3　引导良性的网站用户行为

政府网站拥有与其他网络平台共同的属性，即开放性、匿名性的特征。一方
面，政府网站是用户言论表达、政府意见获取的重要平台，因此，政府网站需要
培养用户的积极参与精神；另一方面，互联网上出现了种种无序和非理性的网络
参与行为，因此，政府网站要积极引导网站用户的理性使用行为。首先，政府要
通过政府网站主动占领网络阵地。在虚拟的网络世界中，政府主导的门户网站、
论坛等应该在引领网络用户行为中发挥带头作用，积极引导互联网行业从业者和
广大网民改进不良的使用习惯，从而营造健康积极的网络环境。其次，政府要多
方位开展网络文化教育。各级政府、各类教育机构和社会组织应充分发挥电视、
报纸、网络等多类传播手段的优势，宣传政府网站的正义性；政府工作人员和社
区志愿者应该下基层，到社区、农村普及政府网站的正义性；学校要有针对性地
在思想政治教育和计算机信息技术教学中开设网络参与的道德教育课程，从而在
不断吸引用户使用政府网站的同时，培养出更多优秀的用户群体。

6.4　有效保障政府网站的服务运营

客观地说，我国公众大多不具有主动参与意识，他们往往把政府提供的各种
服务方式看做政府搭建的"独角戏"戏台，把自己定位于被动接受者。对于大多
数公众而言，当政府网站的服务模式摆在他们面前时，他们往往陷入不知所措的
茫然之中。因此，政府要积极引导公众使用政府网站，这需要提升政府网站的服
务运营水平，提升政府网站对用户的吸引力。总之，政府网站的建设要紧扣公众

的需求，稳步提升网站的使用价值，并尽可能地消除公众持续使用政府网站的阻碍因素。

6.4.1 丰富政府网站的服务体系

政府网站是提供政府信息与服务的有效手段，各级政府除了要对网站资源进行组织与整合外，更重要的是要充实政府信息内容，扩充政府服务方式，丰富政府网站的服务体系，强化网站的服务效果。

第一，政府网站要充实信息内容，推进各项政务信息公开。各级政府和部门要把网站建设和管理列入重要议事日程，在做好本部门网站建设的同时，积极做好政府网站内容保障工作，对照政府网站上开设的栏目落实机构、落实人员、落实责任，确保政府网站为社会公众提供及时、权威、有效的信息和服务，从而充分保障公众的知情权、参与权和监督权。

第二，政府网站要扩充服务方式，全面构建政府与公众沟通的桥梁。政府网站要体现专业平台的特点，运用大数据的方式从公众的留言和反馈中选取主流关注点，归纳总结公众的利益需求，从而了解社会公众最关心的社会问题，建立信息发布和解释的专业渠道。

第三，政府网站要精心策划互动栏目，发挥民主监督的作用。政府网站应以公众的需求为导向，多开通民众热线，解答民众疑惑，虚心接受群众举报或投诉，从而促使政府提高公共服务水平，提升公众参与程度，提高决策的科学性和民主性。

第四，政府网站要实现全方位在线服务，提升网站的总体服务水平。现阶段能在网上开展的办事项目都要提供"在线申报""办理状态查询"等功能，逐步实现网上办理行政许可、招商引资、交费、纳税、办证等事项，为企业和社会公众提供"零距离、全天候"网上办事服务。

6.4.2 提升政府网站"一站式"的服务水平

政府网站的建设是一项系统的工程，目前我国政府网站建设呈现地区差异大的特点，出现了个别地区政府网站建设具有相对优势的局面，因此政府网站的建设应坚持平衡发展的战略，建立共享制度，加强跨部门、跨区域的资源整合，利用既有的部分地区的建设成果带动其他区域发展。政府网站建设相对领先的区域可以尝试与其他地区进行策略性合作，将该地区的建设经验引入其他区域，以帮助各地区政府努力提高政府网站服务水平，为"一站式"服务打好基础。同时，政府网站建设的核心在于政府部门协同推进内容建设，其基础又在于信息资源共享。我国各级政府网站对公众缺乏综合服务，尤其是信息服务方面缺少相应整合，与公众相关的政府信息仍散布在按部门布局的专题和栏目内，因此，各级政府需要设定统一的网站入口，设立统一的主题，构建有效的办事流程。公众根据自身办事需要进入专门的政府网站，点击欲办事项的主题和栏目，就能查看与之相关的政务信息，同时也能进行相关事务的在线办理。

依据大数据时代下的共享思维，政府网站可作为整合各级政府及部门公开信息资源的纽带，因此，政府要加快建设政府网站信息资源共享目录体系，明确政府部门信息资源共建共享的内容、方式和责任，彻底解决政府网站信息资源匮乏、维护不力的局面。政府网站建设要实现资源共享和数据共享，通过建立各区域、各部门之间的网络资源共享平台，促进跨部门、跨区域的电子政务应用，切实发挥网站的功能，为社会公众提供"一站式""一窗式"的信息和服务。

6.4.3　借助数据分析技术实现政府网站的服务精准化

服务精准化是当前政府网站建设的特点之一，所谓服务精准是指网站服务呈现智能化、个性化、精细化等特点。具体表现如下：加强站内搜索建设，帮助用户在海量信息中精准定位所需要的信息或服务；推行以网站为主的多终端的个性化定制，通过"我的门户"等方式，提供多渠道、多媒体的信息订阅和服务推送；加强各种终端功能建设，通过自助服务、问答式服务，提供便捷的智能化服务。进一步完善和提升政府网站服务的精准化水平是网站推广的需要，更是促进公众持续使用的必然要求，各级政府要努力改变政府门户网站的服务理念，坚持"以用户为中心"的服务思想，以理解用户的需求为基础，提高对用户的认识和了解。

首先，各级政府要贯彻大数据思维，通过网站流量、问卷调查等数据来源方式，完善网站的访问统计功能，从而获取公众使用政府网站的行为偏好与取向。政府只有了解和掌握了公众需求及其行为取向，才能更好地完善网页设计，给予公众有针对性的服务。其次，各级政府需要在政府网站部署基于云服务模式的网站用户行为分析系统，通过用户需求挖掘分析，为网站改版、页面调整和服务推送提供翔实与全面的数据指标，促使网站建设更加科学。最后，各级政府要采用大数据辅助模式，开展关于政府网站的用户行为深度挖掘，确保改版科学有效，同时在日常运营中也引入大数据分析，对互联网信息传播渠道和用户访问行为实行常态化监测和分析。

6.4.4　优化政府网站的个性化设计

通过电子政务的交互体验，公众对政府网站的需求也会发生变化，因此，各级政府需要不断适应互联网发展的境况，积极探索体现政府网站特色的网站分析与优化方法体系，提供面向公众需求的个性化政府网站。同时，大数据技术已经应用于商业开发、市场营销、医疗服务等社会各类行业。大数据的基本特征可以归纳为多样化、多量、速度、价值四个特征，这也将更好地应用于政府网站的个性化设计。在大数据技术的驱动下，政府需要在公众使用政府网站的反馈中，转变将公众视为用户的角色的思维，以商业服务的心态，对政府网站界面和程序进行更新，打造出更加符合网民喜好的问政界面和平台。

第一，政府网站对用户的吸引力在很大程度上取决于网站的界面设计。各级政府必须重视政府网站整体设计，重视网站操作的友好性，增强页面布局的合理性，保证信息的及时、准确和有效性。在用户行为捕捉技术日益发展的今天，政府可以根据网站平台的点击率、界面停留时间等追寻用户的关注点，以此细分用户群体的行为偏好与特性，从而有助于政府开发个性化的网站界面，提升网站的整体影响力。

第二，政府网站需要提供用户个性化的服务设计。各级政府需要优化政府网站用户体验，识别网站服务短板，设计更加科学合理的网站信息架构及服务流程，提升政府网站的用户体验及用户满意度。各级政府需要优化网站栏目体系，引入社会网络和行为分析等智能化分析工具，基于跟踪与挖掘网站用户使用行为的结果来调整服务栏目体系。此外，各级政府还需要围绕外文网站、移动终端版本等新媒体服务渠道的建设需求，着重开展政府网站专项业务优化工作。

第三，政府网站需要提升对用户热点服务需求的识别和快速响应能力。政府网站要通过设置指标，对网站用户主题搜索、站内流量和停留页面等信息自动测定，迅速捕捉网站用户的热点需要，从而及时地提供服务。

6.4.5　提升网站用户的感知价值

目前电子政务已经完成了信息整合和网络资源平台建设阶段，在此基础上可以将电子商务中的用户思维应用到电子政府服务中。"互联网+"时代电子商务发展的核心在于用户思维，用户思维的精髓是以用户需求为中心。各级政府需要进一步转变政府网站服务的模式与方法，运用互联网技术和思维，构建面向用户需求的政府网站。

第一，政府网站应通过增加更多新的功能，增强用户的有用感知，使其产生较高的满意度和持续使用意向，并促使其将自己切身的使用感受分享给更多人，一方面满足了用户的使用需求；另一方面还可以促进网站推广。因此，政府应赋予政府网站更多的功能属性，如增加点评功能、开发讨论社区，让用户体会到政府网站更多的社会价值，从而提高用户的忠诚度。同时，政府应针对主动参与并分享有价值信息的用户，给予积极回应和引导，有选择、有意识地将其培养成意见领袖和稳固的信息源。总之，政府网站通过网站的功能发挥，并培养用户意见领袖，从而展示给用户更多的社会价值，让用户感受到在网站体验服务是一种时代趋势，从而带动更多的用户愿意持续使用政府网站。

第二，政府网站应当注意有效管理、维持及增加使用者的正向情感，通过正向情感的增加提升使用者的满意度，进而间接促进持续使用意向。政府网站美观的设计、友善的用户界面以及简洁大方的排版，可以提升用户的直观体验。政府网站应抛弃传统界面的单一色调，运用多样化的界面色调，改变以往公众对政府网站的认识，提升用户愉悦的使用情绪。同时，政府网站应尽可能避免用户在获取网站服务时，出现令其不满的情境及状况的产生。因为用户的网站体验是非常敏感的，用户倘若在一个方面产生了不友好的感受，便极有可能终止政府网站的使用意愿与行为。政府网站发展时间尚短，还存在许多问题，而当今网络用户发布及散播负面言论是非常迅速和方便的，所以政府及时了解用户情绪，消除用户不友好的负向情绪，减少用户不满意的可能性，对维护网站的正面形象尤为重要。

此外，政府网站不同于其他商业性网站，还需要综合考虑网站使用成本对用户持续使用行为的影响。政府网站的使用成本不直接体现在金钱的消费上，但是政府网站的使用难易程度直接影响用户停留在政府网站上的时间，时间消耗也是一种重要的使用成本。各级政府需要通过提高政府网站的使用效率来提升用户的使用满意度和持续使用意愿。一方面，在大数据技术驱动下，政府网站可以多注意科技运用，提供有效率的搜索引擎及有组织的信息分类，提升信息、数据等资源的流动性，从而为用户提供在线参与的便利性；另一方面，政府网站可以收集有效的用户数据，进而对用户提供个性化内容推荐，方便快捷地迎合用户的需求并且让用户更有效地进行在线参与，从而维持用户的持续使用意向。

6.4.6　塑造政府网站的良好口碑

政府网站需提升用户口碑，并通过意见领袖的传播来提高示范效应，突出政府网站给用户带来的便利性和快捷性，从而增强受众的感知有用性、易用性等各种正面影响用户持续使用行为的因素。

第一，各级政府要规范政府网站的运行与管理体系，充分发挥政府网站的整体效应，促进政府效能建设。政府网站是公众获取政府信息，与政府沟通交流，并在线获得政务服务的有效方式，其健康和谐的运行需要法律和制度的保障，因此，政府要制定统一的规划和技术标准，明确政府网站的运行与管理方向。

第二，各级政府要确保网站的信息及时更新，落实内容保障工作。各级政府要不断健全监督考评制度，定期检查政府网站的信息更新、在线办事等内容，并通报检查结果。这样一来，政府网站的服务水平才能有效提升，从而形成良好的用户口碑。

第三，各级政府要纳入更多的具有持续使用政府网站意向的用户，需要注重服务模式的创新。各级政府要注重发展"线上用户交互、线下用户组织、网站提供平台"的服务模式，更好地调动各类用户的积极性和参与度。例如，老年人更能适应线下的活动，他们会因为政府网站上获取的各类信息而进行线下交往，政府网站会成为这种线下交往的契机和重要讨论话题，因此，提供线下活动的网站更容易形成口碑，促进老年人的使用。

6.4.7　完善政府网站的职能定位

"互联网+"观念的提出，意味着政府网站将发生重要的职能变化：从信息发布到政务数据开放、从单向传播到双向互动、从被动浏览到主动服务、从单一门户网站到移动微端融合、从僵尸数据到大数据智慧挖掘。政府网站已成为公众办事的重要渠道，网站职能发挥的好坏也成为政府网站建设的重要指标。目前，我国政府网站对职能的定位多停留在"信息公开、政民互动、在线办事"三大功能上，却对网站职能发挥的实际效果缺少认知，同时也缺少对网站职能差异化及创新的深入思考，因此，我国政府网站在职能上还有较大的优化余地。在此基础上，我国政府网站在整体布局时，有必要对门户网站的职能进行划分，整合部分功能相近的网站。首先，规范各类政府网站的定位与分工，分别建设以信息服务为主和以网上办事为主的政府网站；其次，信息服务类网站尽可能由较高级别的政府部门建设，并整合所有下属机关的信息；再次，网上办事类网站由具有一定行政管理职能或相关专业背景的部门或单位建设；最后，在对以上关于政府网站的基础职能定位调整外，政府网站的职能优化还需要在服务理念与业务层面上改进和调整。总之，政府网站是实现服务型、责任型政府职能的重要平台，政府网站需要充分把握自身职能的标准定位，强化网站职能的重点，使政府网站成为一个具有双向互动、数据共享等多功能效应的综合性平台。

6.4.8　加强政府网站后台人才的建设

政府网站管理者的专业知识会影响政府网站服务效能的发挥，因此，各级政府需要制定明确的人才规划，注重人才的培养和引进，并且政府应着眼于政府网站运营人员的专业性建设，构建起经验丰富、理论基础扎实的管理团队。

首先，网站运营人员要切实转变旧观念。目前，一些网站后台人员对在线参与的理解还未深入，认为政府网站仅仅是一个向用户发布信息的工具，而不认为其对政治、经济和社会发展具有突出的正面效应。因此，各级政府应要求后台运营人员转变对政府网站的态度，积极学习和推广政府网站，积极引导公众表达自身的意见及利益诉求，促进公众持续使用政府网站。

其次，网站运营人员要注重时效性，要有效、及时地回应公众的意见表达。网站运行人员要第一时间发现网络热点，准确识别、判断网络信息，及早发现形成网络舆论的热点问题。同时，运营人员要在第一时间表明政府态度，准确发布公众关注的信息，时刻保持信息的公开透明，消除公众疑虑。

最后，网站运营人员要提升媒介素养。目前，我国各级政府门户网站的管理人员并非专业人员。各级政府需要改变原有的兼职人员管理网站的方式，培养精通在线参与的专门人才，实时关注网络舆情，准确捕捉公共议题，追踪热点事件进展，及时公布政府各类信息；同时，网站运营人员需要引入一些关于国计民生的焦点议题，增强公众在线参与的兴趣，促使政府网站变成公众乐于发表意见的平台和渠道。

6.4.9　加强和完善政府网站的安全管理

政府网站的安全性建设是其提供服务的前提，也是提升政府公信力的重要举措。只有稳定可靠的政府网站才能让公众放心地持续使用，否则一切只是空谈。目前，云计算、大数据、移动互联网、物联网等这些新兴 IT 技术带来新的安全问题，各类网站逐渐向云平台发展，改变了原有系统结构，使网站安全环境发生了巨大变化。云平台上的用户共享计算资源、存储资源和网络资源，加大了数据泄露和数据窃取等风险。当前，我国云计算的相关标准和安全认证还不完善，移动终端和物联网漏洞、身份认证、信息泄露等也是当前需要关注的问题。因此，我国政府网站的建设应注意循序渐进，有重点有步骤地稳步进行，其建设和运行应严格遵守国家有关互联网信息安全保密要求，建立系统的安全保密管理组织和健全各项管理制度，采取有效的安全措施，加强网上互动内容的监管，确保信息安全。

首先，政府网站的管理应按照"谁主管谁负责、谁运行谁负责"的要求，明确职责分工，健全组织领导机构和各项管理制度，形成完备的多层次的安全责任体系。其次，政府网站安全性的问题主要集中表现为政府网站的使用风险，如电子签名导致个人信息泄露等。政府网站应加强安全技术和手段的应用，完善安全基础设施，制订完备的安全策略和应急预案，提高应对网络攻击、病毒入侵、系统故障等风险的安全防范和应急处置能力，确保及时解决突发情况。最后，网站管理人员需要转变思想，在工作的每一个流程中，都要建立一个安全保障流程。系统建设、网络工程等方面的技术人员也不再只是行业专业人才，而是要学习各科知识，特别是网络安全方面的知识。各个工作岗位的人都要具有全局的安全观念，成为具有大安全观的复合型人才。不同部门、不同地区之间建立统一的信息安全共享平台，及时沟通，建立网络安全预警和协同应急处置机制，提高防御能力，降低防御成本。

6.5　本章小结

　　本章根据前文混合研究的结果，从政府网站的外部环境、服务观念、用户思维、网站运营等方面提出针对性建议，并在此基础上引入"互联网+""数据开放""服务精准化"等思维，紧扣时代需要，以期为促进政府网站的公众持续使用意向提出科学有效的建议。政府网站建设是一项系统工程，首先，政府应加强网站外部环境的建设，扫除公众持续使用政府网站的制度障碍；其次，政府要结合服务型政府理念，注重政府网站的服务质量；再次，政府要从自身与公众的关系入手，引导公众积极正确地使用政府网站；最后，政府网站的成功依赖于网站的运营效果，政府要从网站设计、职能定位、管理团队和安全管理等方面全面提升政府网站的正面形象。

第 7 章　总结与展望

7.1　理论模型构建过程与对策建议提出

随着服务型政府、国家治理现代化、"互联网+政务"的相继提出，将信息技术应用于政府服务中，实现更高效的电子政务服务成为推动政府治理现代化的关键。本书在描绘我国电子政务发展的现实背景之后，梳理了信息技术采纳研究领域的相关理论或模型，然后从研究总体情况、研究内容、研究趋势、研究方法、理论基础等方面对国内外有关电子政务采纳的研究成果进行梳理和评述，发现：①从研究时间来看，国内外电子政务采纳研究主要是进入 21 世纪后才开始展开的，且国外电子政务公众采纳的研究要早于国内；②从文献数量来看，国内外对电子政务公众采纳的研究还不是很多，可以说对于该领域的研究国外正处于发展阶段，国内正处于起步阶段，特别是电子政务公众持续使用领域的研究成果数量更少；③从学科分布来看，国内与国外研究都呈现出多学科综合研究的现状，但国外所涉及学科要多于国内，学科之间的交叉也较国内更为突出；④在研究机构和作者上，国内不同机构之间的合作甚少，多数都是来自同一机构的不同学者之间的合作，而国外不同机构之间和不同学者之间的合作关系都较为紧密；⑤从研究的理论基础来看，国内外研究主要运用信息系统使用研究中已被广泛认可和接受的成熟理论或模型，如 TAM、IDT、ECM 和 D&M 等；⑥从研究方法来看，国内外对电子政务信息服务的研究都比较注重实证研究；⑦从研究热点来看，国内研究多数都集中在公众初始采纳和持续使用的影响因素研究方面。与此同时，可以看出现有研究成果主要针对电子政务初始采纳问题进行探究，而对持续使用方面的研究还有待加强，并且，已有研究的理论基础多是源自国外研究商业信息系统的理论或模型，忽略了政府信息系统在目标、性质以及所受的约束力等方面与商业信息系统的区别，因而一定程度上影响了研究的解释力度。

基于此，为了增强对政府网站公众持续使用意向的解释力度，促进政府网站公众使用率的提高，本书立足中国现实环境，针对政府网站公众持续使用意向的影响因素有哪些、各影响因素之间存在怎样的作用关系的问题，采用混合方法展开研究。在定性研究部分采用扎根理论方法对通过深度访谈获取的研究数据进行开放式编码，在此过程中共得到 112 个初始概念和 29 个类属，然后将类属进行主轴编码，形成 14 个主类属，最后对主类属进行选择性编码，得到影响政府网站公众持续使用意向的 6 个核心类属：政府观念、政府网站的服务运营、心理感知、用户特征、政府网站的外部环境和人口变量，由此构建出影响政府网站公众持续使用意向的理论分析框架。在定量研究部分，基于定性研究的结果，建立研究假设模型，然后运用问卷调查方法设计调查问卷、采集研究数据，应用统计分析方法进行描述性分析、信度和效度检验、相关分析、最佳尺度回归分析和 SEM 分析，进而对研究假设进行验证，结果显示：政府网站的外部环境对用户特征、政府观念、政府网站的服务运营和心理感知均具有正向影响作用；用户特征对政府网站的服务运营具有负向影响作用，而对心理感知和政府网站持续使用意向具有正向影响作用；政府观念对政府网站的服务运营具有正向影响作用；政府网站的服务运营对心理感知具有正向影响作用；心理感知对政府网站持续使用意向具有正向影响作用，且作用最强；在人口变量中仅有年龄、学历、职业会对政府网站持续使用意向产生影响。从而，通过定性与定量相结合的混合研究，本书构建出政府网站公众持续使用意向的理论模型，并在此基础上，从营造良好的政府网站外部环境、树立正确的政府网站服务观念、明确政府网站的用户特征、有效保障政府网站的服务运营四个方面提出促进公众对政府网站产生持续使用意向的对策建议。

7.2　政府网站公众持续使用意向模型的理论价值与实践意义

　　本书以政府网站的公众持续使用意向为研究对象，采用混合方法研究，立足中国本土环境，对研究问题进行定性和定量探析，在定性研究上选择源于后实证主义和符号互动论的扎根理论，在定量研究上选择问卷调查法、统计分析法，这样不仅避免定性研究无法验证的局限，而且弥补了定量研究的视野碎片化，从而构建出中国情境下的政府网站公众持续使用意向理论模型。本书的理论价值和实践意义如下：

　　（1）本书补充和深化了电子政务视域下公众持续使用政府网站的意向的研究，首次提出具有中国本土化的持续使用意向理论模型。本书通过深度访谈获取研究数据，这些数据能很好地反映公众为何对政府网站产生持续使用意向，具有真实性和全面性。然后采用扎根理论进行编码分析，全面地探讨政府网站公众持续使用意向的影响因素，构建理论分析框架。在此基础上，运用 SEM 对理论框架进行验证与优化，提出政府网站公众持续使用意向理论模型，进一步丰富政府网站公众行为意向研究的理论体系。

（2）政府网站公众持续使用的研究不仅是政府提升网上服务能力的重要理论问题，而且是建设服务型政府、实现国家治理现代化的时代背景下政府网站建设和发展的内在要求。本书通过建立政府网站公众持续使用意向理论模型，为制定更具操作性的政府网站成功发展的对策提供理论基础。

7.3　研究不足与未来研究进路

本书采用融合定性研究方法与定量研究方法的混合方法进行研究，提出政府网站公众持续使用意向的理论模型，并给出了相应的对策建议。但需要补充的是，本书仍存在一些不足之处：①扎根理论方法要求研究者在研究中保持敏感而开放的态度，但在实际操作过程中，笔者也带入了一定的经验因素；②问卷调查的样本覆盖面和数量还有待提升；③本书的理论模型是针对政府门户网站而提出的，因此将其应用于其他信息系统的普适性还有待考量。未来研究可以从微观的视角出发，借助本书的理论模型进一步探讨政府网站公众持续使用意向的形成机理。

参 考 文 献

白庆华. 2009. 电子政务教程. 上海：同济大学出版社

薄贵利. 2014. 建设服务型政府的战略与路径. 国家行政学院学报，（5）：94-99

蔡晶波. 2013. 政府网站的服务性评估指标体系研究. 吉林大学博士学位论文

曹培培，赵宇翔，徐一新. 2008. 基于 TAM 模型的政府网站使用行为实证研究. 现代图书情报技术，24（2）：76-81

陈贵梧. 2011. 地方电子政务公共服务的公众接受问题——基于 X 市访谈数据的探索性研究. 图书情报工作，55（3）：130-133

陈贵梧. 2013. 电子政务接纳问题研究：一个国际比较的视角. 电子政务，（4）：72-78

陈姣娥. 2012. 中国国民倾向性政策态度形成的扎根研究. 华中科技大学博士学位论文

陈明亮，徐继升. 2008. 政府电子服务使用意向决定因素实证研究——以企业网上纳税系统为例. 管理工程学报，22（4）：25-29

陈涛，曾星. 2016. 公民信任对于电子政务系统成功的影响. 电子政务，（11）：91-99

陈向明. 1999. 扎根理论的思路和方法. 教育研究与实验，（4）：58-63

陈向明. 2002. 社会科学质的研究. 台北：五南图书出版股份有限公司

陈小筑. 2006. 中国政府网站建设与应用. 北京：人民出版社

陈渝，毛姗姗，潘晓月，等. 2014. 信息系统采纳后习惯对用户持续使用行为的影响. 管理学报，11（3）：408-415

陈云. 2015. 手机银行使用意向影响因素研究. 江西财经大学硕士学位论文

代蕾，徐博艺. 2011. 移动电子政务的公众持续使用行为研究. 情报杂志，30（1）：186-189，195

杜治洲. 2010. 电子政务接受度研究——基于 TAM 与 TTF 整合模型. 情报杂志，29（5）：196-199

高小平，王立平. 2009. 服务型政府导论. 北京：人民出版社

关欣，张楠，孟庆国. 2012. 基于全过程的电子政务公众采纳模型及实证研究. 情报杂志，31（9）：191-196，201

郭俊华，朱多刚. 2015. 基于信任的移动政务服务用户采纳模型与实证分析. 软科学，29（12）：108-110

郭玉霞. 2009. 质性研究资料分析：NVIVO8 活用宝典. 台北：高等教育文化事业有限公司

国家行政学院电子政务研究中心. 2016. 2016 中国城市电子政务发展水平调查报告——互联网+公共服务

国务院. 2015-12-15. 国务院办公厅关于第一次全国政府网站普查情况的通报. http://www.gov. cn/zhengce/content/2015-12/15/content_10421.htm

国务院. 2016-03-07a. 中华人民共和国国民经济和社会发展第十三个五年规划纲要. http://www.

gov.cn/xinwen/2016-03/17/content_5054992.htm

国务院. 2016-07-25b. 国务院办公厅关于 2016 年第二次全国政府网站抽查情况的通报. http://www.gov.cn/zhengce/content/2016-07/25/content_5094407.htm

韩啸. 2016. 公众参与政务微博意愿的影响因素研究. 电子科技大学硕士学位论文

何檀. 2014. 移动教育持续使用的实证研究. 哈尔滨工业大学博士学位论文

何彦. 2006. 政府公务员 OA 系统使用意愿影响因素研究. 浙江大学硕士学位论文

侯宝柱, 冯菊香. 2015. 县级政府电子政务信用的影响机理. 系统管理学报, 24（3）: 389-396, 404

胡鞍钢. 2014. 中国国家治理现代化的特征与方向. 国家行政学院学报, （3）: 4-10

胡莹. 2013. 移动微博持续使用行为影响因素研究. 北京邮电大学硕士学位论文

黄贺方. 2012. 移动社交网络用户持续使用意向影响因素研究. 南京大学硕士学位论文

蒋骁. 2010. 电子政务公民采纳研究. 大连理工大学博士学位论文

蒋骁, 仲秋雁, 阎庆飞, 等. 2009. 电子政务公众采纳问题的研究综述. 信息系统学报, （2）: 77-87

蒋骁, 仲秋雁, 季绍波. 2010a. 基于过程的电子政务公众采纳研究框架. 情报杂志, 29（3）: 30-34

蒋骁, 仲秋雁, 季绍波. 2010b. 电子政务公众采纳的信任因素研究. 情报杂志, 29（1）: 37-41

卡麦兹 K. 2009. 建构扎根理论: 质性研究实践指南. 边国英译. 重庆: 重庆大学出版社

克雷斯威尔 J W. 2015. 混合方法研究导论. 李敏谊译. 上海: 格致出版社, 上海人民出版社

李 T W. 2014. 组织与管理研究的定性方法. 吕力译. 北京: 北京大学出版社

李宝杨. 2015. 农民工对电子政务公共服务的采纳问题研究. 浙江大学博士学位论文

李广乾. 2004. 如何认识与完善政府门户网站. 电子政务, （7）: 95-101

李贺楼. 2015. 扎根理论方法与国内公共管理研究. 中国行政管理, （11）: 76-81

李杰, 陈超美. 2016. CiteSpace: 科技文本挖掘及可视化. 第 2 版. 北京: 首都经济贸易大学出版社

李乐乐, 陆敬筠. 2011. 基于 TAM 的电子公共服务接受模型及实证研究. 情报科学, 10: 1509-1513

李梅, 张毅, 张韦, 等. 2016. 政府部门采纳信息技术的研究综述. 电子政务, （9）: 70-79

李然. 2014. 持续使用移动购物意愿的影响因素研究. 电子科技大学硕士学位论文

李燕. 2016. 中国电子政务公众接受研究回顾——基于内容分析与权重分析的文献述评. 情报杂志, 35（2）: 168-174

李燕, 朱春奎, 李文娟. 2016. 国外电子政务公众使用行为研究评述. 公共行政评论, 9（6）: 4-22

李颖, 徐博艺. 2007. 中国文化下的电子政务门户用户接受度分析. 情报科学, 25（8）: 1208-1212

李勇, 田晶晶. 2015. 基于 UTAUT 模型的政务微博接受度影响因素研究. 电子政务, （6）: 39-48

联合国经济和社会事务部. 2016-07-30. 2016 联合国电子政务调查报告（中文版）. 北京: 国家行政学院电子政务研究中心

梁洁珍. 2016. 广东省网上办事大厅的公众持续使用意向研究. 华南农业大学硕士学位论文

梁克. 2002. 社会关系多样化实现的创造性空间——对信任问题的社会学思考. 社会学研究, （3）: 65-72

廖敏慧, 严中华, 廖敏珍. 2015. 政府网站公众接受度影响因素的实证研究. 电子政务, （3）: 95-105

刘超. 2014. 微信支付的消费者持续使用意愿实证分析. 东北财经大学硕士学位论文

刘洪国. 2015. O2O 餐饮平台顾客感知价值对持续使用意愿的影响研究——基于期望确认视角. 华南理工大学硕士学位论文

刘利, 成栋, 苏欣. 2016. 移动政务档案信息服务平台的用户使用意愿研究——基于 UTAUT 模型. 山西档案, （6）: 40-44

刘玲利, 王冰, 朱多刚. 2013. 土地市场管理电子政务网站用户初始接受与持续使用行为研究. 现代情报, 33（4）: 172-177

刘霞, 徐博艺. 2010. 信息伦理对 G2C 电子政务系统用户接受行为的影响研究. 情报杂志, 29（1）: 22-26

刘燕, 陈英武. 2006. 电子政务顾客满意度指数模型实证研究. 系统工程, 24（5）: 50-56

刘永军. 2015. 基于创新扩散理论的移动医疗支付影响因素研究. 南方医科大学硕士学位论文

龙怡, 盛宇, 郭金兰. 2010. 中美省、州级政府门户网站用户使用行为对比研究. 图书情报工作, 54（19）: 124-128

陆敬筠, 仲伟俊, 梅姝娥. 2007. 公众电子公共参与度模型研究. 情报杂志, 26（9）: 54-56, 59

马亮. 2014. 公民使用政府网站的影响因素: 中国大城市的调查研究. 电子政务, （4）: 34-48

迈尔斯 M B, 休伯曼 A M. 2008. 质性资料的分析: 方法与实践. 张芬芬译. 重庆: 重庆大学出版社

孟庆国, 樊博. 2006. 电子政务理论与实践. 北京: 清华大学出版社

孟宇星. 2013. 网络外部性对微博持续使用的影响: 主观规范的调节作用. 东北财经大学硕士学位论文

莫寰. 2013. 女性创业胜任力的阶段特征及其与成长绩效的关系研究. 浙江大学博士学位论文

倪连红. 2008. 政府网站对企业的影响力研究. 浙江大学硕士学位论文

钱丽丽. 2010. 电子政务公众服务需求及其对系统成功的影响路径研究. 复旦大学博士学位论文

乔波. 2010. 政府网站质量与用户再使用意愿的研究. 东南大学硕士学位论文

瞿海源, 毕恒达, 刘长萱, 等. 2013. 社会及行为科学研究法（二）质性研究法. 北京: 社会科学文献出版社

邵兵家, 张宏晖, 仲志. 2010. 电子口岸公共服务采纳影响因素的实证研究. 情报杂志, 29（1）: 200-202

邵坤焕, 杨兰蓉. 2011. 公众采纳移动政务服务的综合接受模型研究. 现代情报, 31（12）: 3-6

史建玲. 2003. 政府门户网站的功能及在电子政务中的作用. 科技情报开发与经济, 13（10）: 216-218

舒杰. 2011. 政府内部办公系统用户持续使用意愿影响因素研究——基于期望确认理论视角. 浙江大学硕士学位论文

宋伯朝, 孙宇. 2015. 电子政务用户接受度的研究方向与热点探析. 现代情报, 35（1）: 68-75

宋梦婷, 田鹏, 唐小霁. 2015. 基于 Citespace Ⅲ的国内外虚拟社区可视化研究. 现代情报, 35（8）: 164-171

孙晓娥. 2011. 扎根理论在深度访谈研究中的实例探析. 西安交通大学学报（社会科学版）, 31（6）: 87-92

汤志伟. 2015. 电子政务原理与方法. 北京: 国防工业出版社

汤志伟, 龚泽鹏, 韩啸. 2016a. 基于扎根理论的政府网站公众持续使用意向研究. 情报杂志, 35（5）: 180-187

汤志伟，韩啸，吴思迪. 2016b. 政府网站公众使用意向的分析框架：基于持续使用的视角. 中国
　　行政管理，（4）：27-33

汪玉凯. 2010. "十二五"时期我国电子政务发展展望. 中国信息界，（1）：9-11

汪玉凯. 2015a. "互联网+政务"：政府治理的历史性变革. 国家治理，（27）：11-17

汪玉凯. 2015b. 网络社会中的公民参与. 中共中央党校学报，19（4）：34-38

王海宁. 2008. 心理学理论建构的新方法——扎根理论. 吉林大学硕士学位论文

王华. 2006. 影响公众对政府门户网站使用意愿的因素研究. 哈尔滨工业大学硕士学位论文

王培丞. 2008. 电子化公共服务使用接受度理论研究. 湖北行政学院学报，（s1）：77-81

王冉冉. 2016. 移动政务公众使用行为影响因素研究. 哈尔滨工业大学硕士学位论文

王曦婕. 2016. 基于扩展 ECM-ISC 的移动支付用户持续使用行为影响因素研究. 西安邮电大学
　　硕士学位论文

王新浩. 2013. 自助服务使用行为对顾企关系的影响研究. 大连理工大学博士学位论文

王长林，陆振华，冯玉强，等. 2011. 后采纳阶段移动政务的持续使用——基于任务-技术匹配理
　　论的实证分析. 情报杂志，30（10）：189-193

王仲伟. 2014. 切实加强内容建设 努力办好政府网站. 中国行政管理，（12）：6-10

魏爱云，谢庆奎. 2006. 服务型政府：政府改革的目标选择——专访北京大学政治发展与政府管
　　理研究所所长谢庆奎教授. 人民论坛，（5）：18-19

项玥. 2015. 手机地图软件用户持续使用意向影响因素研究. 北京交通大学硕士学位论文

肖桂芳. 2015. 在线公共论坛的用户参与行为及影响因素研究. 兰州大学硕士学位论文

谢庆奎. 2005. 服务型政府建设的理论研究. 学习与探索，（5）：69-70

徐峰，聂彤彤，孙亚男. 2012. 基于 TOE 和 UTAUT 整合的电子政务创新采纳模型研究. 现代管
　　理科学，（2）：81-83

徐和燕. 2016. 基于 TAM 模型的政务 APP 公众使用意愿影响因素研究. 华中师范大学硕士学位
　　论文

徐美心. 2014. 手机近场支付用户使用意愿的对比研究. 北京林业大学硕士学位论文

徐晓林，马连杰，杨兰蓉，等. 2005. 关于建立中国国家政府门户网站的建议. 中国科技产业，
　　（4）：28-32

薛莹. 2013. 3G 业务用户持续使用意向的实证研究. 南京大学硕士学位论文

严星. 2014. 微信用户持续使用意向影响因素研究. 电子科技大学硕士学位论文

杨菲，高洁. 2014. 电子政务信息服务公众持续使用研究综述. 现代情报，34（8）：170-176

杨根福. 2015. 混合式学习模式下网络教学平台持续使用与绩效影响因素研究. 电化教育研究，
　　（7）：42-48

杨生军. 2011. 基层政府门户网站的设计与开发. 天津大学硕士学位论文

杨显宇. 2013. 以使用者为中心的电子政务实证研究：基于企业角度. 武汉大学博士学位论文

杨小峰，徐博艺. 2009a. 政府门户网站公众接受模型研究. 情报杂志，28（1）：3-6

杨小峰，徐博艺. 2009b. 政府门户网站的公众持续使用行为研究. 情报杂志，28（5）：19-22

杨秀丹，刘振兴. 2007. 我国电子政府门户网站建设的问题与建议. 电子政务，（3）：51-59

杨雅芬，李广建. 2014. 电子政务采纳研究述评：基于公民视角. 中国图书馆学报，40（1）：73-83

郁建兴，高翔. 2012. 中国服务型政府建设的基本经验与未来. 中国行政管理，（8）：24-29

喻国明，丁汉青，支庭荣，等. 2009. 传媒经济学教程. 北京：中国人民大学出版社

原长弘，李阳. 2015. 如何用并行混合方法构建与验证管理理论. 科学学与科学技术管理，（1）：35-43

张会巍，李启正，徐石勇. 2016. 基于 CiteSpace Ⅲ的我国服装数字化技术文献知识图谱. 浙江理工大学学报（社会科学版），36（4）：354-360

张敬伟，马东俊. 2009. 扎根理论研究法与管理学研究. 现代管理科学，（2）：115-117

张明明. 2014. 手机银行用户使用意向影响因素的实证研究. 大连理工大学硕士学位论文

张翔. 2014. 基于文献计量的国内外扎根理论研究态势评析. 浙江树人大学学报（人文社会科学版），（6）：58-65

张秀娟. 2008. 企业网上纳税系统采纳影响因素的实证研究. 重庆大学硕士学位论文

张璇，苏楠，杨红岗，等. 2012. 2000—2011 年国际电子政务的知识图谱研究——基于 Cite space 和 VOSviewer 的计量分析. 情报杂志，31（12）：51-57

赵莉. 2013. 我国电子政务信息资源信任影响因素研究. 情报科学，（6）：140-144

赵向异. 2007. 我国政府网络平台持续使用的因素研究. 重庆大学硕士学位论文

郑大庆，李俊超，黄丽华. 2014. "3Q"大战背景下的软件持续使用研究：基于修订的"期望–确认"模型. 中国管理科学，22（9）：123-132

郑言，李猛. 2014. 推进国家治理体系与国家治理能力现代化. 吉林大学社会科学学报，25（2）：5-12

郑也夫. 2001. 信任论. 北京：中国广播电视出版社

中国互联网络信息中心. 2016-08-03. 第 38 次中国互联网络发展状况统计报告. http://www.cnnic.net.cn/hlwfzyj/hlwxzbg

中国互联网络信息中心. 2017-01-22. 第 39 次中国互联网络发展状况统计报告. http://www.cnnic.net.cn/hlwfzyj/hlwxzbg/hlwtjbg/201701/P020170123364672657408.pdf

钟春芳. 2011. 移动银行大学生群体使用意向影响因素研究. 江苏科技大学博士学位论文

周蕊. 2014. 基于双因素视角的用户信息系统使用行为研究. 山东大学博士学位论文

周沛，马静，徐晓林. 2012. 企业移动电子税务采纳影响因素的实证研究. 现代图书情报技术，28（3）：59-66

周怡. 2013. 信任模式与市场经济秩序——制度主义的解释路径. 社会科学，（6）：58-69

周志忍. 1995. 当代西方行政改革与管理模式转换. 北京大学学报（哲学社会科学版），32（4）：81-87

朱多刚. 2012. 政府网站用户持续使用行为研究. 电子政务，（12）：114-121

Rogers E M. 2002. 创新的扩散. 辛欣译. 北京：中央编译出版社

Strauss A L，Corbin J. 1997. 质性研究概论. 徐宗国译. 台北：巨流图书公司

Strauss A L，Corbin J. 2009. 质性研究入门：扎根理论研究方法. 吴芝仪，廖梅花译. 台北：涛石文化事业有限公司

Adams D A, Nelson R R, Todd P A. 1992. Perceived usefulness, ease of use and usage of information technology：a replication. MIS Quarterly，16（2）：227 -247

Ajzen I. 1985. From intentions to actions：a theory of planned behavior. Springer Berlin Heidelberg，22（8）：11-33

Ajzen I. 1991. The theory of planned behavior. Organizational Behavior and Human Decision Process，50（2）：179-211

Ajzen I，Fishbein M. 1975. Belief, attitude, intention, and behavior：an introduction to theory and research. Philosophy&Rhetoric, 41（4）: 842-844

Aladwani A M . 2013. A contingency model of citizens, attitudes toward e-government use. Electronic Government, an International Journal, 10（1）: 68-85

Alawadhi S, Morris A. 2008. The use of the UTAUT model in the adoption of e-government services in Kuwait. Proceedings of the 41st Hawaii International Conference on System Sciences, 5: 1-11

Alhujran O. 2009. Determinants of e-government services adoption in developing countries: a field survey and a case study. PhD. Dissertation of University of Wollongong

Alruwaie M, El-Haddadeh R, Weerakkody V. 2012. A framework for evaluating citizens' outcome expectations and satisfactions toward continued intention to use e-government services. International Conference on Electronic Government, 7443: 273-286

Al-Shafi S, Weerakkody V. 2010. Factors affecting e-government adoption in the state of Qatar. European and Mediterranean Conference on Information Systems, 2: 1-23

Alzahrani A I. 2011. Web-based e-government services acceptance for G2C: a structural equation modeling approach. PhD. Dissertation of De Montfort University

Bandura A. 1986. Social Foundations of Thought and Action: A Social Cognitive Theory. Upper Saddle River: Prentice Hall

Bandura A. 1997. Self-Efficacy: The Exercise of Control. New York: W. H. Freeman and Company

Beaver D, Rosen R. 1979. Studies in scientific collaboration. Scientometrics, 1（2）: 133-149

Belanche D, Caslon L V, Carlos F, et al. 2014. Trust transfer in the continued usage of public e-services. Information and Management, 51（6）: 627-640

Bhattacherjee A. 2001. Understanding information systems continuance: an expectation-confirmation model. MIS Quarterly, 25（3）: 351-370

Bryant A. 2002. Re-grounding grounded theory. Journal of Information Technology Theory and Application, 4（1）: 25-42

Carter L, Belanger F. 2005. The utilization of e-government services: citizen trust, innovation and acceptance factors. Information Systems Journal, 15（1）: 5-25

Carter L, Weerakkody V. 2008. E-government adoption: a cultural comparison. Information Systems Frontiers, 10（4）: 473-482

Charmaz K. 2000. Constructivist and objectivist grounded theory//Denzin N K, Lincoln Y. Handbook of Qualitative Research. 2nd ed. Thousand Oaks: Sage

Charmaz K. 2002. Grounded theory: methodology and theory construction//Smelser N J, Baltes P B. International Encyclopedia of the Social and Behavioral Sciences. Amsterdam: Pergamon

Charmaz K. 2008. Constructing Grounded Theory: A Pratical Guide Through Qualitative Analysis. London: Sage

Chen C, Chen Y, Horowitz M, et al. 2009. Towards an explanatory and computational theory of scientific discovery. Journal of Informatics, 3（3）: 191-209

Churchill G A, Surprenant C. 1982. An investigation into the determinants of customer satisfaction. Journal of Marketing Research, 19（4）: 491-504

Colesca S E, Dobrica L. 2008. Adoption and use of e-government services: the case of Romania. Journal of Applied Research and Technology, 6（3）: 204-217

Creswell J W. 2007. Qualitative Inquiry and Research Design: Choosing Among Five Approaches.

2nd ed. Thousand Oaks: Sage

Davis F D. 1989. Perceived usefulness, perceived ease of use, and user acceptance of information technology. MIS Quarterly, 13（3）: 319-340

DeLone W H, McLean E R. 1992. Information systems success: the quest for the dependent variable. Information and Management, 3（1）: 60-95

DeLone W H, McLean E R. 2003. The DeLone and McLean model of information systems success: a ten-year update. Journal of Management Information Systems, 19（4）: 9-30

Dimitrova D V, Chen Y C. 2006. Profiling the adopters of e-government information and services. Social Science Computer E-View, 24（1）: 172-188

Ganesan S. 1994. Determinants of long-term orientation in buyer-seller relationships. The Journal of Marketing, 58（12）: 1-19

Glaser B G. 1978. Theoretical sensitivity: advances in the methodology of grounded theory. Journal of Investigative Dermatology, 2（5）: 368-377

Glaser B G. 2001. The Grounded Theory Perspective: Conceptualization Contrasted with Description. Mill Valley: Sociology Press

Glaser B G, Strauss A L. 1967. The Discovery of Grounded Theory: Strategies for Qualitative Research. Chicago: Aldine

Gorsuch R L. 1983. Factor Analysis. 2nd ed. Hillsdale: Erlbaum

Hsiao C H, Wang H C, Doong H S. 2012. A study of factors influencing e-government service acceptance intention: a multiple perspective approach. Advancing Democracy, Government and Governance Lecture Notes in Computer Science, 7452: 79-87

Hu J H, Susan A B, Brown S A, et al. 2009. Determinants of service quality and continuance intention of online services: the case of eTax. Journal of the Association for Information Sciance and Technology, 60（2）: 292-306

Hung S Y, Chang C. 2013. User acceptance of mobile e-government services: an empirical study. Government Information Quarterly, 30（1）: 33-44

Hung S, Chang C M, Yu Y J. 2006. Determinants of user acceptance of the e-government services: the case of online tax filing and payment system. Government Information Quarterly, 23（1）: 97-122

Jacso P. 2002. Good and bad examples of government portal. Computers in Libraries, 22（10）: 52-53

Jaeger P T. 2006. Assessing section 508 compliance on federal e-government websites: a multi-method, user-centered evaluation of accessibility for persons with disabilities. Government Information Quarterly, 23（2）: 169-190

Jiang X, Ji S B. 2009. Consumer online privacy concern and behavior intention: cultural and institutional aspects. Proceedings of International Conference on Information Resource Management

Katz M L, Shapiro C. 1985. Network externalities, competition, and compatibility. The American Economic Review, 75（3）: 424-440

Keat T K, Mohan A. 2004. Integration of TAM based electronic commerce models for trust. The Journal of American Academy of Business, 5（1）: 404-410

Kim B. 2010. An empirical investigation of mobile data service continuance incorporating the theory of planned behavior into the expectation-confirmation model. Expert Systems with Applications, 37（10）：7033-7039

Layne K, Lee J. 2001. Developing full functional e-govermnen: a four stage model. Government Information Quarterly, 18（2）：122-136

Lee K C, Chung N. 2009. Understanding factors affecting trust in and satisfaction with mobile banking in Korea: a modified DeLone and McLean's model perspective. Interacting with Computers, 21（5~6）：385-392

Lian J W. 2015. Critical factors for cloud based e-invoice service adoption in Taiwan: an empirical study. International Journal of Information Management, 35（1）：98-109

Lou H, Luo W, Strong D. 2001. Perceived critical mass effect on groupware acceptance. European Journal of Information Systems, 9（2）：91-103

Nunnally J C. 1978. Psychometric Theory. 2nd ed. New York: McGraw-Hill

Oliver R L. 1980. A cognitive model of the antecedents and consequences of satisfaction decisions. Journal of Marketing Research, 17（4）：460-469

Orgeron C P, Goodman D. 2011. Evaluating citizen adoption and satisfaction of e-government. International Journal of Electronic Government Research, 7（3）：57-78

Ozkan S, Kanat I E. 2011. E-government adoption model based on theory of planned behavior: empirical validation. Government Information Quarterly, 28（4）：503-513

Pandit N R. 1996. The creation of theory: a recent application of the grounded theory method. The Qualitative Report, 2（4）：1-20

Parthasarathy M, Bhattacherjee A. 1998. Understanding post-adoption behavior in the context of online services. Information Systems Research, 9（4）：362-379

Paul T J. 2006. Assessing section 508 compliance on federal e-government websites: a multi-method, user-centered evaluation of accessibility for persons with disabilities. Government Information Quarterly, 23（2）：169-190

Richard L. 2005. Handling Qualitative Data. London: Sage

Rogers E M. 1962. Diffusion of Innovations. New York: The Free Press of Glencoe

Rohlfs J. 1974. A theory of interdependent demand for a communications service. Bell Journal of Economics, 5（1）：16-37

Santhanamery T,Ramayah T. 2012. Tax payers continued use of an e-filing system:a proposed model. Technics Technologies Education Management, 7（1）：249-258

Sehiffinan L G, Kanukj L L. 1994. Consumer Behavior. Englewood Cliffs: Prentice Hall

Shapiro C, Varian H R. 1998. Information Rules: A Strategic Guide to the Network Economy. Boston: Harvard Business School Press

Shareef M A, Kumar V, Kumar U, et al. 2011. Government adoption modelin（GAM）：differing service maturity levels. Government Information Quarterly, 28（1）：17-35

Song C, Lee J. 2015. Citizens' use of social media in government, perceived transparency, and trust in government. Public Performance and Management Review, 39（2）：430-453

Stamati T, Karantjias A, Martakos D. 2012. Survey of citizens' perceptions in the adoption of national governmental portals//Stamati T, Karantjias A, Martakos D. E-Government Service Maturity and Development: Cultural, Organizational and Technological Perspectives. Hershey: IGI Global

Strauss A L, Corbin J. 1990. Basics of Qualitative Research: Grounded Theory Procedures and Techniques. Newbury Park: Sage

Suki N M, Ramayah T. 2010. User acceptance of the e-government services in Malaysia: structural equation modelling approach. Interdisciplinary Journal of Information, Knowledge and Management, 5: 395-413

Susanto T D, Goodwin R. 2013. User acceptance of SMS-based e-government services differences between adopters and non-adopters. Government Information Quarterly, 30 (4): 486-497

Thompson S H T, Sharpish C S, Li J. 2008. Trust and electronic government success: an empirical study. Journal of Management Information Systems, 25 (3): 99-132

van Dijk J A G M, Peter O, Ebbers W. 2008. Explaining the acceptance and use of government internet services: a multivariate analysis of 2006 survey data in the netherlands. Government Information Quarterly, 25 (3): 379-399

Venkatesh V, Morris M G, Davis G B. 2003. User acceptance of information technology: toward a unified view. MIS Quarterly, 27 (3): 425-478

Venkatesh V, Thong J Y L, Chan F K Y, et al. 2011. Extending the two-stage information systems continuance model: incorporating UTAUT predictors and the role of context. Information Systems Journal, 21 (6): 527-555

Wang F. 2014. Explaining the low utilization of government websites: using a grounded theory approach. Government Information Quarterly, 31 (4): 610-621

Wangpipatwong S, Chutimaskul W, Papasratorn B. 2008. Understanding citizen's continuance intention to use e-government website: a composite view of technology acceptance model and computer self-efficacy. Electronic Journal of E-Government, 6 (1): 55-64

Wangpipatwong S, Chutimaskul W, Papasratorn B. 2009. Quality enhancing the continued use of e-government web sites: evidence from e-citizens of Thailand. International Journal of Electronic Government Research, 5 (1): 19-35

Warkentin M, Gefen D, Pavlou P, et al. 2002. Encouraging citizen adoption of e-government by building trust. Electronic Markets, 12 (3): 157-162

West D M. 2011. Digital Government: Technology and Public Sector Performance. Princeton: Princeton University Press

Whitener E M, Brodt S E, Korsgaard M A, et al. 1998. Managers as initiators of trust: an exchange relationship framework for understanding managerial trustworthy behavior. Academy of Management Review, 23 (3): 513-530

Wilson H S, Hutchinson S A. 1991. Triangulation of qualitative methods: heideggerian hermeneutics and grounded theory. Qualitative Health Research, 1 (2): 263-276

Zucker L G. 1986. Production of trust: institutional sources of economic structure, 1840-1920. Research in Organizational Behavior, 8 (2): 53-111

附　录　1

政府网站公众持续使用意向的访谈问卷大纲

（1）对政府网站的印象是什么样的？

（2）出于什么原因访问政府网站？为什么想去访问？访问的感受如何？获得的服务感受如何？

（3）有些目标用户不使用政府网站的原因是什么？可以采取什么措施提高使用率？

（4）政府网站建设的障碍是什么？为什么会有这些障碍？网站运营的保障情况如何？

（5）政府网站有哪些不足？应该如何改善？

（6）什么原因影响你是否继续使用政府网站？可以采取什么措施促进政府网站的持续使用？

附　录　2

政府网站公众持续使用意向的影响因素调查问卷

尊敬的女士/先生：

您好！非常感谢您参与本次问卷调查。

本研究关注于您对使用政府网站的心理和行为情况。为了研究的有效性，请根据您的真实感受作答。您的问答仅供学术研究之用，我们承诺对您的资料予以保密并妥善保管。

您的回答对我们的研究十分重要，在此衷心感谢您的参与和合作！

祝您：身体健康，心想事成！

第一部分　个人基本信息

一、您的性别：

A. 男

B. 女

二、您的年龄：

A. 18 岁以下

B. 18~29 岁

C. 30~39 岁

D. 40~49 岁

E. 50~59 岁

F. 60 岁以上

三、您的学历：

A. 小学及以下

B. 初中

C. 高中/中专/技校

D. 大专

E．大学本科

F．硕士及以上

四、您的职业：

A．学生

B．企业员工

C．公务员或事业单位职员

D．自由职业

E．其他

五、您的政治面貌：

A．中国共产党党员

B．中国共青团团员

C．其他党派成员

D．群众

第二部分 变量测量

您在多大程度上认同以下说法?请您根据您对政府网站的真实感受和使用情况，完成相关的问题，并在相应的单元格内打分（5 为非常同意，4 为比较同意，3 为不确定，2 为比较不同意，1 为完全不同意）。请您务必认真、如实填写，再次感谢您的参与、合作!

序号	题项	分值				
第六题：用户特征						
1	我可以很容易地操作计算机	1	2	3	4	5
2	我可以顺利浏览和获取各种网站上的信息	1	2	3	4	5
3	我每天都会上网	1	2	3	4	5
4	我习惯于上网查询我所需要的信息	1	2	3	4	5
5	浏览政府网站已经成为我上网的一部分	1	2	3	4	5
6	我希望政府网站能够提供丰富的服务功能	1	2	3	4	5
7	如果政府网站的服务功能健全，我会积极使用	1	2	3	4	5
第七题：政府网站的外部环境						
1	我所在城市的经济发展较快，人们生活水平较高	1	2	3	4	5
2	政府网站的建设有相应的法律和安全技术法规	1	2	3	4	5
3	据我所知，我周围有许多人在使用政府网站	1	2	3	4	5
4	我生活的地区网络基础设施发达，人们在家里、单位或公共休闲场所普遍能上网	1	2	3	4	5
5	通过其他方式也能获得政府网站所提供的信息或服务（如通过政务大厅或电话进行咨询，通过政务微博、政务微信、政务公告栏获取信息等）	1	2	3	4	5
6	我有亲戚或朋友对使用政府网站持较好的评价	1	2	3	4	5
7	我有亲戚或朋友建议我使用政府网站	1	2	3	4	5

续表

序号	题项	分值				
第八题：政府观念						
1	政府正努力为人们提供更好的服务	1	2	3	4	5
2	政府是以公众和社会的利益为中心来提供网上服务的	1	2	3	4	5
3	政府很重视并倡导人们使用政府网站	1	2	3	4	5
4	对于人们在政府网站上办理的事务，政府承认其有效性	1	2	3	4	5
第九题：政府网站的服务运营						
1	政府为政府网站的服务运营建立了相应的机构和服务管理机制	1	2	3	4	5
2	政府为政府网站的服务运营投入了相应的人力、财力、物力	1	2	3	4	5
3	政府网站上各服务部门相互支持与配合、共享信息资源	1	2	3	4	5
4	政府通过多种渠道（如报纸、电视、网络等）宣传政府网站	1	2	3	4	5
5	政府网站是根据人们的需求来提供服务的	1	2	3	4	5
6	政府网站即时响应我提出的问题和意见	1	2	3	4	5
7	政府网站的信息准确	1	2	3	4	5
8	政府网站的信息是及时更新的	1	2	3	4	5
9	政府网站的信息能满足我的需要	1	2	3	4	5
10	政府网站的信息丰富且具体	1	2	3	4	5
11	在网速正常的情况下，政府网站可以很快打开且运行稳定、浏览顺利	1	2	3	4	5
12	在不同的浏览器上，都可以顺利地使用政府网站	1	2	3	4	5
13	政府网站页面简单清晰，具有清楚的导航设置	1	2	3	4	5
第十题：心理感知						
1	政府网站可以为我提供有用的信息或服务	1	2	3	4	5
2	政府网站可以提高我的办事效率	1	2	3	4	5
3	总体来说，我认为使用政府网站对我是有用的	1	2	3	4	5
4	对于我来说，学习使用政府网站是容易的	1	2	3	4	5
5	我在政府网站上可以方便地查找到操作指南、办事流程	1	2	3	4	5
6	总体来说，使用政府网站是简单容易的	1	2	3	4	5
7	与去政务大厅现场办理相比，使用政府网站获取信息或服务节约了打印、复印等办事费用	1	2	3	4	5
8	与去政务大厅现场办理相比，使用政府网站获取信息或服务节约了办事时间	1	2	3	4	5
9	互联网有良好的安全保护技术，能让我放心使用	1	2	3	4	5
10	我对依靠政府来完成某些事情非常有信心	1	2	3	4	5
11	我信任政府网站上提供的信息和服务	1	2	3	4	5
12	政府网站是值得信赖的	1	2	3	4	5
13	与其他平台（如政务微信、政务微博）相比，政府网站代表的形象是不可替代的	1	2	3	4	5

续表

序号	题项	分值				
第十题：心理感知						
14	对于我来说，运用其他方式（如政务微信、政务微博）来代替使用政府网站获取信息或服务是困难的	1	2	3	4	5
15	政府网站的信息或服务令我满意	1	2	3	4	5
16	我使用政府网站的感受比我的预期更好	1	2	3	4	5
17	与使用其他方式（如政务大厅、政务微信、政务微博、政务公告栏、报纸等）相比，我对使用政府网站更加满意	1	2	3	4	5
18	总体来说，使用政府网站让我感觉很满意	1	2	3	4	5
第十一题：政府网站持续使用意向						
1	未来我打算继续使用政府网站	1	2	3	4	5
2	未来我打算继续使用政府网站，至少以目前这样的频率	1	2	3	4	5
3	未来我愿意继续使用政府网站而不是其他可替代的资源	1	2	3	4	5